茶与健康

主　编　周先稠
副主编　土　木
　　　　苗琳娟

中国科学技术大学出版社

内 容 简 介

本书以茶艺为媒介,传递健康的生活理念和体验,希望读者能够受到启发、触动,从而主动地去寻觅一种温润而有趣的生活。全书内容包括茶艺的源流、茶叶饮用品质的影响因素、茶叶的分类与功效、茶艺与生活、课程实践等。

本书既可作为大学选修课教材,也可供茶叶爱好者和相关学者参考。

图书在版编目(CIP)数据

茶与健康/周先稠主编. —合肥:中国科学技术大学出版社,2014.10 (2016.1重印)

ISBN 978-7-312-03417-6

Ⅰ. 茶… Ⅱ. 周… Ⅲ. 茶叶—关系—健康 Ⅳ. TS971

中国版本图书馆 CIP 数据核字(2014)第 204491 号

出版	中国科学技术大学出版社
	安徽省合肥市金寨路 96 号,230026
	http://press.ustc.edu.cn
印刷	合肥市宏基印刷有限公司
发行	中国科学技术大学出版社
经销	全国新华书店
开本	710 mm×960 mm　1/16
印张	12
字数	134 千
版次	2014 年 10 月第 1 版
印次	2016 年 1 月第 3 次印刷
定价	30.00 元

前　言

"茶与健康"课程是中国科学技术大学素质教育选修课,面向全校本科学生,开设至今已有十几年的时间。每周一次,来自不同院系的学生,四五个人围坐一桌,一共六七桌,大家品茶聊天,倒也轻松自在。作为选修课,对学生并无硬性的知识方面的要求,只是希望可以向理工科背景的科大学生们介绍一种大家"日用而不知"的常见事物,希望他们在学习之余留出一点时间,关注兴趣,关注饮食,关注生活,关注健康,等等。

茶在中国文化中有着独特的意义。中国人饮茶的传统悠久,饮茶的方式在历史上也出现过多次的变革,茶叶的种类也逐渐地丰富起来。中国人一如既往地喜欢茶,并认为"茶文化"是中国传统文化的代表之一。时至今日,中国发展了繁荣的市场经济或者说商业经济,茶叶也作为一种商品在世界范围内得到大家的喜爱,成为世界三大饮料之一(另外两种分别为咖啡和可可)。对茶叶品质的品鉴,既是商品社会对一种普通商品的要求,又或多或少地保留了中国传统文化的余韵。

人们公认的第一部完全关于茶叶的书籍,是中国唐朝的"茶圣"陆羽所著的《茶经》,全书系统地介绍了茶的起源、采制工具、制作、煮茶器皿、煎煮过程、饮用、史料、产地等内容；12世纪，日本"临济宗"的初祖荣西禅师在中国学习生活后，将中国禅宗之临济宗与宋代的饮茶风俗引入日本，专门撰写了《吃茶养生记》一书；20世纪初，美国人威廉·乌克斯则从历史、技术、科学、商业、社会及艺术等方面对茶叶进行了百科全书式的介绍——《茶叶全书》（All about Tea）。现代社会，人们将以上三本著作并称为世界三大经典茶书。如今，关于茶叶的教材、论著和休闲读物还有很多。

本书的作者既是茶叶的爱好者，又是中国传统文化的爱好者，对于茶艺，对于中国传统文化，一直乐此而不疲。能够有机会在中国科学技术大学开设这样一门茶艺课，与各位同学"品头论足"，共同维护一个相对轻松和宁静的茶艺课堂，倒也感到十分庆幸。写作此书，主要是基于自己当下对"茶与健康"的基本认识，以一种"把玩"却也不乏认真的态度来做的。书中知识性的东西并无标新立异之处，但希望本书的介绍大体上能够成为茶艺及中国传统生活艺术的真实写照，给每位读者留下一个直观的印象。华夏古代文明有许多灿烂的元素让我们肃然起敬，对今天身处高频的工商信息社会中的人们来说，有意识地汲取一些传统文化的元素并将其镶嵌在我们日常的生活之中，相信回馈我们的将会是祥和、喜悦和健康的人生。这也是作者多年从事"茶与健康"教学实践的初衷，并直至今日也深以为然的。

2014年5月于中国科学技术大学

目　　录

前言 …………………………………………………………（ⅰ）

第一章　茶艺的源流 ……………………………………（1）

第一节　茶的起源 ………………………………………（2）

第二节　唐代茶艺 ………………………………………（5）

第三节　宋代茶艺 ………………………………………（10）

第四节　明清茶艺 ………………………………………（15）

第五节　今日茶艺 ………………………………………（18）

第二章　喝一杯好茶——茶叶饮用品质的影响因素 ……（23）

第一节　茶叶的产地 ……………………………………（23）

第二节　茶叶的产时 ……………………………………（27）

第三节　茶叶的制作 ……………………………………（29）

第四节　茶叶的保管 ……………………………………（37）

第五节　茶具 ……………………………………………（39）

第六节　泡茶之水 ………………………………………（48）

第三章　喝一口好茶——惟凭心自觉 ……（53）

第一节　茶艺的精神 ……（54）

第二节　茶室 ……（63）

第三节　茶友 ……（70）

第四节　惟凭心自觉 ……（77）

第四章　茶的分类与功效 ……（80）

第一节　茶叶的分类 ……（80）

第二节　茶叶的化学成分及功效 ……（104）

第五章　茶艺与生活 ……（120）

第一节　琴棋书画诗酒茶——文人与茶 ……（120）

第二节　柴米油盐酱醋茶——百姓与茶 ……（130）

第三节　健康生活方式的养成 ……（141）

第四节　一杯清茶之精神贵族 ……（146）

第六章　茶与健康课程实践 ……（152）

第一节　品茶 ……（152）

第二节　听琴 ……（155）

第三节　运动 ……（157）

第四节　谈天 ……（158）

第五节　阅读 ……（159）

第六节　饮食 ……（164）

附录　学生作品选录 ………………………………… （166）

　　记油茶 …………………………………………… （166）

　　由水到茶 ………………………………………… （168）

　　茶诗二首 ………………………………………… （172）

　　得闲饮茶 ………………………………………… （173）

　　诗词四首 ………………………………………… （175）

　　茶艺课课后随感 ………………………………… （176）

结语 …………………………………………………… （181）

第一章 茶艺的源流

茶树是多年生常绿木本植物,从植物学上分,属于山茶科山茶属茶树种。今天通常见到的茶树多为灌木型,实际上还有乔木型和小乔木型,其中乔木型被认为是更原始的茶树。乔木型茶树高达15～30米,基部树围1.5米以上,树龄可达数百年至上千年,在云南等地还可以看到一些。

茶树主要由根、茎、叶、花、果等器官所组成(见图1.1)。《茶经》中对茶树的基本特征做了如下的描述:"其树如瓜芦,叶如栀子,花如白

图1.1 常见灌木型茶树

蔷薇,实如栟榈,蒂如丁香,根如胡桃。"在没有现代植物学的情况下,陆羽用其他的植物形象地描述出了茶树的树形及叶、花、果、蒂、根的形态。另外,威廉·乌克斯在《茶叶全书》中对茶树的一般特征也做了比较具体的描述:"茶为乔本或灌木本,有时高达 30 英尺(1 英尺=0.3048米),叶互生,常绿,椭圆或长圆形,叶尖锐,有锯齿,叶面光滑,有时叶背有软毛。成熟的叶,暗绿色,平滑坚韧,长 1～12 英寸(1 英寸=0.0254 米),嫩枝多有软毛,也有薄而尖的芽(白毫)。"[1]

茶叶作为一种天然、健康、和谐的饮料,深受中国人喜爱。中国茶艺在其起源及发展过程中既融入了高人雅士的智慧创造,也得到了广大百姓的亲近和喜爱,源远流长,成为中国传统文化的重要组成部分。今天,茶文化已经广泛地在世界各地传播开来,与各地文化相激荡、相融合,"随风潜入夜,润物细无声",滋润着喝茶人的生活。

第一节 茶 的 起 源

茶、咖啡、可可被誉为当今世界三大饮料(见图 1.2),其原产地分别为亚洲、非洲和南美洲,孕育于中国文化、伊斯兰文化和古玛雅文化之中。咖啡和可可的原料是咖啡豆和可可豆,它们分别是咖啡树和可可树的种子或果实,而茶的原料则是茶树的嫩叶部分,这是茶与咖啡、

---

[1] 威廉·乌克斯. 茶叶全书[M]. 侬佳,刘涛,姜海蒂,译. 北京:东方出版社,2011: 524.

可可直观上的一个明显区别。

图 1.2　茶、咖啡豆和可可豆

关于咖啡和可可的起源故事,有兴趣的读者可以自己去搜寻,这些故事大体上反映了它们的"兴奋"功能,而按照文字记载,中国人对茶的最早认识则源于它的"解毒"功效。

一、神农尝百草

中国自古便有饮茶的传统,而茶叶的起源或者说饮茶习惯的起源已很难考证其具体的年代。据唐代陆羽《茶经》记载:"茶之为饮,发乎神农氏。"相传中国人文始祖之一的神农氏,遍尝百草,一一对其性味进行归纳整理,以便其他人利用。有一些是"良草",后来便成为今天人们食用的蔬菜之类;而有一些则是"恶草"甚至"毒草"。有一天,神农"日遇七十二毒",奄奄一息的时候,幸运地发现了茶,从而解了毒,得以延续生命。《神农本草经》中记载:"苦菜味苦寒。主治五藏邪气,厌穀胃痹。久服安心益气,聪察少卧,轻身耐老。一名荼草,一名选。生川谷。"《尔雅》云:"槚,苦荼;又櫕,苦荼。"郭璞注解云:"树小如栀子,冬生叶,可煮作羹饮,今呼早采者为荼,晚取者为茗,一名荈,蜀人

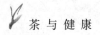

名之苦荼。"后世常常奉茶为"仙草",认为茶叶的功效卓著,对于养生大有裨益。今天将饮茶的起源笼统地上溯到上古神农时期,是比较适宜的做法。

二、西周贡茶

西周时代,茶已经被作为贡品呈送给周天子。据晋常璩《华阳国志·巴志》中记载:"周武王伐纣,实得巴蜀之师,著乎尚书。武王既克殷,以其宗姬于巴……茶、蜜……皆纳贡之。"此处说的是周朝的武王伐纣时,巴国就已经将茶与其他珍贵产品向周武王进贡了。另据《华阳国志》记载,西周时代就已经有了人工栽培的茶园。

三、汉代的记录

从汉代开始,可以看到文人们关于饮茶的记录。西汉辞赋家王褒在《僮约》一文中就为仆人规定了"牵犬贩鹅,武阳买茶""烹茶尽具"等工作(见图1.3)。武阳在今天的四川省彭山县,四川也一向被认为是茶的发源地。该文献是人们比较认可的关于茶的可靠记载。至三国两晋,佛教兴起,高士文人崇尚啜茗清谈,参禅论道,促使中国茶饮进一步发展。隋朝时期,南北统一,饮茶风尚由南向北传播,逐渐普及,为唐代茶文化的法相初具奠定了坚实的基础。

第一章 茶艺的源流

图 1.3 《僮约》部分文字

第二节 唐代茶艺

茶从药用到食用,再到逐渐成为人们生活中不可缺少的"饮料",其间的沿革变化如涓涓细流,微妙难寻。到了唐代,国富民强,人们饮茶则已经蔚然成风了。为什么唐代茶艺会如此兴盛?今天的人们大致有以下几种看法:(1)佛教的贡献,因为茶叶具有提神醒脑的功能,寺院的僧人在坐禅修行时常常饮茶提神以驱除睡意,从而更好地用功,另外,许多高僧还赋予了饮茶以形而上的意义,"禅茶一味"可以认为是中国茶道精神的真实写照;(2)文人雅士的提倡,除了"茶圣"陆羽的《茶经》、"茶仙"卢仝的《走笔谢孟谏议寄新茶》诗外,白居易等诸多文人也纷纷与茶结缘,并写下了很多诗词;(3)由于百姓生活的逐渐安定,而"饮食"是人们生活的最重要基础,茶因其解渴、提神、消食等功效逐渐成为深受老百姓所喜爱的"饮料"之一(另一种是酒)。无论如何,茶在唐代已经自上而下、从文人到百姓、从精神到物质逐渐深入到人们生活的方方面面,成为唐代文化的重要而有趣味的一部分。

一、煎煮茶

早期人们对茶的使用,一般认为是从药用和食用开始的,有的是直接将没有加工的青叶进行煎服,其味道很苦,但是香气馥郁。后来,人们主要是将采来的茶制成茶饼,灼烧至变为红色,饮用时将其碎成小片,和葱、姜、橘皮等一起放入壶中,用开水冲入然后饮用,这种方法称为"煎煮茶"。大约隋唐期间,"煎煮茶"在中国已经逐渐普遍起来,成为主流。

二、"茶圣"陆羽

约公元780年,陆羽著述了世界上第一部关于茶的书籍——《茶经》(见图1.4),对茶叶的特性(《一之源》)、采茶的用具(《二之具》)、采摘的时间与制作方法(《三之造》)、煮茶和饮茶时所用到的二十四种器具(《四之器》)、煮茶的方法和注意事项(《五之煮》)、饮茶的意义和注

第一章 茶艺的源流

意事项(《六之饮》)、茶艺历史中的人与事(《七之事》)、茶叶的出产地及品质(《八之出》)、不同场合下饮茶的器具简化(《九之略》)以及茶人学习《茶经》的方法(《十之图》)等都进行了系统的介绍,便于饮茶之人参照和学习,从而使得"天下益知饮茶"。

图1.4 陆羽及其《茶经》

陆羽幼时是一个孤儿,被一位僧人收养,少时勤苦,阅读了大量的书籍。其性嗜茶,精于茶道,而写出《茶经》一书。晚年颇受皇帝礼遇,然而终于以隐士自处,于公元804年逝世。后人尊奉他为茶艺的祖师——茶圣。随着饮茶风气的盛行,茶叶的需求量激增,农民们开始致力于种植茶树,在田间、山地、丘陵地区都进行种植,茶树的分布也逐渐从四川地区沿长江流域扩展到沿海地区。

唐人以茶会友,追求清幽高雅的品茗环境,饮茶多采用陆羽《茶经》所述的"煎煮茶法",即先加工茶饼备用,待客来再煎煮茶水,将水在锅中煮开,舀出一碗,再将由茶饼碾好的茶末从锅中心投入,同时用竹夹搅拌茶汤,加入盐调味并细煎,随后注入先前舀出的那碗水,既能止沸,又可养育茶汤精华。饮茶者慢饮之际,细心体会茶之情趣。

三、"茶仙"卢仝

提到"茶圣"陆羽,人们也往往能够联想到"茶仙"卢仝。卢仝约生于公元795年,卒于公元835年,范阳(今河北省涿州市)人,自号玉川子。年轻时隐居少室山,家境贫困,仅破屋数间。但他刻苦读书,家中图书满架。他性格狷介,仅与孟郊、韩愈等人为友。卢仝好茶成癖,诗风浪漫,他的《走笔谢孟谏议寄新茶》诗,被称为"七碗茶"诗,生动地表达了茶艺的精神和境界,传唱千年而不衰:

日高丈五睡正浓,军将打门惊周公。

口云谏议送书信,白绢斜封三道印。

开缄宛见谏议面,手阅月团三百片。

闻道新年入山里,蛰虫惊动春风起。

天子须尝阳羡茶,百草不敢先开花。

仁风暗结珠琲瓃,先春抽出黄金芽。

摘鲜焙芳旋封裹,至精至好且不奢。

至尊之馀合王公,何事便到山人家。

柴门反关无俗客,纱帽笼头自煎吃。

碧云引风吹不断,白花浮光凝碗面。

一碗喉吻润,两碗破孤闷。

三碗搜枯肠,唯有文字五千卷。

四碗发轻汗,平生不平事,尽向毛孔散。

五碗肌骨清,六碗通仙灵。

第一章 茶艺的源流

七碗吃不得也,唯觉两腋习习清风生。

蓬莱山,在何处?

玉川子,乘此清风欲归去。

山上群仙司下土,地位清高隔风雨。

安得知百万亿苍生命,堕在巅崖受辛苦!

便为谏议问苍生,到头还得苏息否?

卢仝的诗作风格奇特,近似散文。现存诗103首,有《玉川子诗集》。如今在河南济源思礼村东口一碑亭里,还竖有"卢仝故里"碑(见图1.5)。碑身正中有"卢仝故里"四个楷书大字,据说是清朝广东道监察御史刘迈园所题,两侧对联是"贤才工诗与日月同辉,德泽润野使荟草争妍"。

图1.5 卢仝雕像及"卢仝故里"碑

茶与健康

第三节 宋代茶艺

宋代以文人治天下,社会文化与经济繁荣,从文人士大夫到平民百姓,均将很多时间放在更高品质、更多趣味生活的构建中。茶在百姓生活中的地位也如同米盐,成为不可缺少的物资。宋代茶艺与唐代相比有所发展,从将茶叶放在水中煎煮转变为用开水冲泡茶末,这一改变进一步将茶艺从"食用"性中独立出来,增强了茶的"饮用"性,促进了茶艺的流行,因此也相应地改变了茶艺的程序和茶具。宋人强调对茶品质的鉴赏,逐渐兴起了"斗茶"的风气。

一、斗茶

"茶兴于唐,盛于宋。"宋朝一建立,宫廷中便兴起饮茶风尚,帝王将相皆嗜茶,且极尽精致,从而推动了贡茶制度的形成及发展。团饼茶的制茶工艺较之唐代更加小巧精致,其采制要经过采茶、拣茶、蒸茶、榨茶、研茶、选茶、过黄等诸多工序。由于朝廷的引领,文人士大夫之间兴起斗茶茗战之风,上行下效,愈演愈烈(见图1.6)。斗茶者先将用茶碾子碾过的茶末放入茶盏,注入开水调成糊状,再注入沸水煎茶,同时用茶筅击打和拂动茶汤。斗茶注重观赏,人们关注汤花的种种变化,在汤花转瞬即灭的刹那,多彩的茶汤色调被袅袅热气所笼罩,经茶人臆测，幻化成一幅幅朦胧而奇妙的画面。衡量斗茶胜负的标准，一是看茶面汤花的色泽和均匀程度，汤花色泽鲜白、茶面细碎均匀为佳；二是看盏的内沿与汤花相接处有无水痕，汤花保持时间较长、紧贴盏沿不退散者为胜，反之则输。

图1.6　元·赵孟頫《斗茶图》

二、宋代茶具

至于茶具，唐时以汤碧为贵，茶碗尚青；宋人兴斗茶，对茶汤色泽要求极高，汤贵纯白，为便观色，茶碗则尚黑。于是黑瓷茶盏大受欢迎，最著名的是建窑，所产黑釉茶盏备受青睐，风光无限（见图1.7）。每当茶汤注入，白色汤花与黑色建盏特别的花纹争相辉映，五彩缤纷，美丽异常。建盏在宋代炙手可热，除因其黑色釉面适宜斗茶时观察茶汤色泽外，其形制设计上也别具匠心。(1)建盏下狭上宽，敞口，壁斜，注汤时可促成更多汤花且易干不留渣；(2)在盏口沿下1.5～2.0

厘米处，有一条明显折痕，便于斗茶者观察水痕，立判胜负。有的茶盏在烧制过程中还会发生窑变，形成美丽的兔毫状纹样，为人们所看重，称为"兔毫盏"(见图1.8)。

图1.7　建窑茶盏

图1.8　今人仿制兔毫盏

另外，吉州窑黑釉盏(见图1.9)因其独特的玳瑁纹、剪纸纹、木叶纹，亦深受茶人喜爱。宋代茶盏并非黑釉盏一枝独秀，官、哥、汝、定、钧等著名窑口皆生产各色上乘茶具，互为补充，相互影响。龙泉窑生产的青瓷执壶,造型出于斗茶考虑,壶嘴出水口圆而小,颈细流长,出水有力且呈抛物线形,不易破坏茶面,为茶人所爱。

图1.9 吉州窑茶盏

三、关于茶艺的专著

宋人蔡襄作于皇祐年间(1049~1053年)的《茶录》是宋代茶艺的重要著作,他清晰地介绍茶的选择、保管以及冲泡等过程中的注意事项和必要的茶具,使得茶人们有所依据。宋徽宗赵佶著于大观年间(1107~1110年)的《大观茶论》则是世界上唯一一本由在位帝王撰写的茶学专著,他对宋代的茶叶生产过程、茶具和"斗茶"有详细叙述,是一部重要的茶学专著。

他们的著作既体现了宋代茶艺的兴盛,又对宋代茶艺的繁荣做出了重要的贡献。宋徽宗赵佶以帝王之尊,写一本关于茶艺的专著,对茶艺风气的影响可以想见。《大观茶论》是中国茶文化中的重要著作,也成为宋徽宗赵佶为后人所称道的一个方面(虽然他在政治上被认为是一个失败者)。

四、茶艺向日本等国的传播

中国茶艺在唐宋时期逐渐向日本朝鲜等国家传播。日本茶道学习中国茶艺并逐渐形成了自己的风范,将茶艺推崇到宗教的高度。12世纪,日本禅宗高僧荣西禅师在中国拜师,参禅修行,亲身体验了宋代吃茶风俗,对茶的功效深有感受。他返回日本时带回了茶种,并鼓励种植,还撰写了《吃茶养生记》一书,主要从功效等方面对茶叶进行了介绍:"茶也,末代养生之仙药,人伦延灵之妙术。山谷生之,其地神灵也。人伦采之,其人长命也。天竺、唐土同贵重之,我朝日本,昔嗜爱之。从昔以来自国他国俱尚之,今更可捐乎。况末世养生之良药也,不可不斟酌矣……"当代日本的"抹茶"及其茶具(见图1.10、图1.11)保留了中国古代茶艺的一些风貌。

图1.10 日本当代茶盏

图1.11 抹茶

第一章 茶艺的源流

第四节 明清茶艺

继唐宋之后,明清茶艺进一步删繁就简,开始广泛地饮用"散茶"(相对于之前的饼茶、团茶来说的),茶叶的制作上更加简单化,饮茶形式也呈现"返璞归真"的倾向。而紫砂壶的创制和兴盛,以及"养壶"文化的发展,则为中国茶文化增添了妙趣横生的一叶。

一、散茶

散茶是相对于唐宋期间流行的饼茶和团茶而言的。以奶和酒为饮料的蒙古人入主中原建立元朝,但蒙古人统治时间较短,既未很好地吸收融合中原的茶艺,也未见其对当时民间的茶文化产生大的影响。至明代,太祖朱元璋出身下层,深解民情,诏令贡茶改繁为简,改团饼煎煮为散茶冲泡,此前不登大雅之堂的民间叶茶得到皇家肯定。因此,明代之茶饮一改唐宋之饮茶风范,更加趋于自然简朴。明太祖第十七子朱权在《茶谱》中对点茶、煎汤的要求,较之宋代简单易行得多,并另外提出一套简易新颖的散茶烹饮法:备器、煮水、碾茶、点泡、以茶筅打击,并可加入茉莉蓓蕾,设果品佐茶。明代文人简化了饮茶的形式,而注重饮茶的环境、氛围和茶友的品质,在宁静淡泊中,体会着茶艺的独特趣味。

明清茶人去繁就简,喜欢冲泡散茶饮用,对散茶的品质和冲泡时的要点也进行了较深入的玩味。张源《茶录》曰:"造时精,藏时燥,泡时洁,茶道尽矣。"与此同时,明清文人常常"焚香伴茗",即在茶室内焚香以伴饮茶,名香名茶相糅合,增加茶味之缥缈。文人创造不仅于此,还有"以花点茶",追求茶之色香味,使花茶在清代得以推广。至清三代,茶文化达到鼎盛,帝王尤嗜茶饮。乾隆皇帝曾说过:"君不可一日无茶。"清代茶馆林立,清雅整洁,茶客如云,构成独特的社会风情。另外,工夫茶这一地道的民间茶文化,得到长足发展。工夫茶所用茶壶一般为宜兴紫砂陶壶,茶叶乃乌龙茶。待客时,先用沸水淋浇盏和壶,取茶投入壶中,冲入沸水后盖好,再取煎好的水慢慢淋浇壶上,壶在盘中,以水将满为止,再给壶敷上干净毛巾,将茶斟入盏中。斟茶讲究"关公巡城"和"韩信点兵"。"关公巡城"是按盏数转着斟,使茶汤均匀斟到每一盏,不能斟满一盏再斟另一盏;"韩信点兵"则是将壶中最后剩下少许余津一滴一滴均匀地滴入每一盏,直至滴尽。茶人品茶则平心而静气,慢慢玩味。工夫茶一般浓度较高,余味芳香醇厚,经久不散。

二、明清茶具

谈及茶具,唐宋流行煎茶、斗茶,茶艺程序较多,茶具庞杂繁缛;明始瀹饮法(泡茶法)大行其道,饮茶用具力避浮华,回归自然,尚陶瓷质地,基本茶具为茶盏茶壶。茶盏已演化为"盖碗",即一盏一托一盖"三合一"式。明清茶人以绿茶冲泡出绿色茶汤,以洁白如玉的茶盏衬之,显得清新淡雅,悦目自然,且白色茶碗便于茶人品赏茶汤中叶、芽的形状之美(见图1.12)。茶具虽尚简朴,对其质地的要求却很高,当时"景瓷宜陶"最为流行,特别是紫砂陶壶的创制更是茶具发展过程中的突出变革。明清景德镇瓷独

图1.12 白瓷茶盏

领风骚,其茶具小巧玲珑,胎质细腻,釉色光润,画意生动:彩瓷、珐琅、粉彩,美丽炫目;甜白瓷质细、料厚、形美,素净典雅,质朴无华,釉色光莹似玉;青花瓷淡雅滋润,与茶的清丽恬静和谐一致,独具美感,深受欢迎(见图1.13)。"宜陶"则指创于明代中期、清代达到巅峰的江苏宜

图1.13 今人青花瓷壶

兴所产紫砂茶具,享有"世间茶具称为首"之盛誉。宜兴陶器以当地所产紫砂泥为原料,茶具色泽紫红,质地细柔,造型古朴。紫砂陶壶体小壁厚,保温性好,易于保持散茶直接冲泡后的芳香(见图1.14)。人们常将诗词书画刻于紫砂壶身,茶人一边品茗一边把玩,将茶饮推入意

境深远的艺术境界。

图1.14 今人紫砂壶

三、养壶

紫砂壶从其制作开始就非常讲究,将实用价值和艺术价值融为一体,一把好壶的价格甚至贵于黄金(从重量上来说)。拥有紫砂壶的人还需要进行一定的开壶和养壶程序,这是一种壶和其主人相互交流的过程,养壶的同时也在养成茶人自己的性情。养壶也是中国传统文化形而上部分的一个生动有趣的注解。

第五节 今日茶艺

古代中国社会被认为是"士农工商"四民社会,士人和农民是社会

第一章 茶艺的源流

的主导力量,质朴和风雅相互融合,形成独具特色、历久弥新的华夏文明。历史发展到今日,世界正处于工商业空前繁荣的时代,中国社会也是一样。而茶叶却一如既往地深受欢迎,成为世界三大饮料之一。除了中国以外,茶叶消费大国还有英国、日本、土耳其、伊朗、卡特尔、斯里兰卡、埃及、沙特阿拉伯、摩洛哥、突尼斯、新西兰等。虽同为饮茶,因为文化的差异,其中所蕴含的意趣在古与今之间、国与国之间,则"大有径庭焉"。

一、今日中国茶饮

中国的茶叶种类繁多,粗略地说,有绿茶(不发酵茶)、乌龙茶(半发酵茶)、红茶(完全发酵茶)和普洱茶(按发酵程度来说有"生饼"和"熟饼"之分)等。安徽是产绿茶的大省,市场经济发达的今天,在皖南和皖西地区已有大面积的茶叶生产基地,祁门地区的红茶久负盛名;福建、广东地区多生产和饮用工夫茶,主要是乌龙系列的茶叶,属于半发酵茶,可以根据口味制作不同发酵程度的茶,其中有安溪铁观音、武夷岩茶等名茶;云南的普洱茶也深受茶人喜爱,其茶性稳定,如果保管适宜,可以保存几十年之久,有其独特的性味和功效。

二、英式下午茶

英国大约是在17世纪中叶开始引进中国的茶叶。大约在1657年,伦敦一家叫"托马斯·加威"的咖啡店开始以每磅6～10英镑的价

茶 与 健 康

格公开销售茶叶,并制作了一张宣传海报。这张海报精彩地描述了茶叶的功效,如提神醒脑、明目清眼、清洁肾脏、清洁肝脏、增强食欲和有助消化等。英国大范围地饮用茶叶可能是由于贵族们的影响,比如,嗜好饮茶的葡萄牙凯瑟琳公主(见图1.15)于1662年嫁给英王查理斯二世之后,饮茶的风气就迅速地在英国妇女中扩展开来。王后对茶有很深的嗜好,被称为"英国第一位饮茶的王后"。今天,英国人已经养成了"下午茶"的生活习惯,他们以饮用红茶为主,常常和牛奶混合饮用,且伴有各式甜点。英国下午茶有其传统的贵族式休闲与社交风范。英国的红茶均从国外进口。

图1.15 饮茶皇后凯瑟琳

英国人对红茶的喜爱有其物质和精神两个方面的原因:一方面,

第一章 茶艺的源流

英国传统的绅士文化比较注重优雅闲适的生活方式,红茶提供了一种很好的模式;另一方面,在气温相对较低的欧洲,红茶与牛奶的混合饮用,为人们提供了补充能量和提神的温和饮品。

三、非洲茶饮

非洲对茶叶的需求惊人,所消费的茶叶中有一部分是在当地自己生产的(见图1.16),而绝大部分则是从其他地区进口的。在非洲的西部地区,人们普遍信仰伊斯兰教,教规禁酒,而饮茶有提神清心、驱睡生津之效,故以茶代酒,蔚然成风。许多国家的人民,在向真主祈祷开始新的一天后的第一件事,就是喝茶,这是当地人的一大嗜好。西非地区主要的茶叶消费国家有摩洛哥、毛里塔尼亚、塞内加尔、马里、几内亚、尼日利亚、赞比亚、尼日尔、利比里亚、多哥等。其所饮用的茶以绿茶为主,这与绿茶所特有的色、香、味及怡神、止渴、解暑、消食等药理功能和营养作用是分不开的,因为西非地处世界上最大的撒哈拉沙漠境内或周围,常年天气炎热,气候干燥,那里的人们出汗多、消耗大,而茶能解干渴、消暑热,补充水分和营养,加之西非人民常年以食用牛、羊肉为主,少食蔬菜,而饮茶能去腻消食,并可以补充维生素类物质。绿茶的这些功效和特有风味,正是西非人民在特殊生活条件下所迫切需要的。因此,这里的人民不但好饮茶,而且嗜茶为癖,饮茶如粮,茶叶成为不可或缺的食物。而其饮茶风俗,富含阿拉伯情调,以"面广、次频、汁浓、掺加佐料"为其特点。冲泡茶叶时,其投茶量至少比中国多出一倍。饮茶次数,至少一天在三次以上,而且一次多杯。

茶 与 健 康

与我国类似,非洲也有客来敬茶的风俗。西非人民习惯饮薄荷糖茶,他们在冲泡茶叶时,多数习惯于浓茶加方糖,并以薄荷叶佐味。茶是清香甘醇的天然饮料,糖是甘美的营养品,薄荷是解暑的清凉剂。茶、糖、薄荷三者相融,益显奇效。也有少数人习惯于在冲泡绿茶时加糖后直接饮用。

图 1.16　非洲茶园

第二章　喝一杯好茶

　　——茶叶饮用品质的影响因素

　　茶叶是一种具有高度灵敏性的物质,有其独特的"个性"。一杯好茶,往往来之不易,需要诸多因素的配合才能实现。茶叶的产地、产时、制作、保管、泡茶的用具和水,是关乎茶的品质的六大要素。这六个方面中每一步,都是"活"的过程,很难用"科学化"的标准将其定死。这些需要制茶之人或者喝茶之人精心地把握,才能确保喝到一杯好茶,得到美的体验和享受。

第一节　茶叶的产地

一、世界茶园概况

　　世界上的不少国家有茶园,但是相对集中在亚洲和非洲地区,中国、印度、斯里兰卡、印度尼西亚、肯尼亚、土耳其几国的茶园面积之和就占了世界茶园总面积的 80% 以上。世界上每年的茶叶产量大约有 300 万吨,其中 80% 左右产于亚洲。目前茶叶总产量最大的国家是印度。世界茶叶产量中,数量最多的是红茶,占总产量的 70% 以上。我国出产的强项不是红茶,因为我国红茶的饮用量远不及绿茶。我国是出产绿茶最多的国家,所产绿茶占世界绿茶总产量的近 60%。

二、中国的产茶区域

产地是影响茶叶品质的关键因素。"一方水土养一方人",同理,一方水土养一方茶叶。以饮茶习惯来说,广东等南方地区多饮用乌龙茶(见图 2.1),而安徽地区则以绿茶为主。从口味来说,黄山地区(见图 2.2)的茶叶以气味清香为特色,而大别山区(见图 2.3)的茶叶则显得滋味更浓厚一些。从今天的环境评价体系出发,产地环境质量也是影响无公害食品质量最基础的因素之一。随着人们食品安全意识的

图 2.1　广东乌龙茶茶园

第二章 喝一杯好茶——茶叶饮用品质的影响因素

增强,无公害食品生产技术及产地环境评价越来越受到重视,我国也颁布了《无公害食品茶叶产地环境条件》等相关评价指标和规定。

图 2.2 黄山高山茶园

图 2.3 大别山茶园

我国的茶叶多是以产地来命名,比如 1959 年全国"十大名茶"评比会评出的十大名茶均是如此:西湖龙井、洞庭碧螺春、黄山毛峰、庐山云雾茶、六安瓜片、君山银针、信阳毛尖、武夷岩茶、安溪铁观音、祁门红茶。其中前面七种均为绿茶,武夷岩茶和安溪铁观音为乌龙茶,祁门红茶则是著名的红茶。

值得一提的是,今天中国的生态环境已与古代大不相同,森林覆盖面积极大减少,空气污染和水污染等问题凸显,茶叶的品质也受到影响而下降。另外,因为市场经济的刺激,茶农往往大片种植茶园并多次采摘,化肥与农药大量使用,这也造成大量劣质茶叶充斥市场,好茶(并非包装上的"高档茶")在今天是需要喝茶人自己去认真寻觅的了。

三、高山茶与"野茶"

除了地理上的区域划分外,山中茶叶生长的海拔高度往往会决定温度高低以及土壤、水源和空气的质量,而这些都是茶叶品质的重要影响因素,会影响茶的口感和耐泡程度。所以喝茶人往往会据此对茶有高山茶、丘陵茶和平川茶的划分。以安徽为例,一般海拔600米以上可以认为是高山茶,产出的茶叶更加清香而耐泡,其产量比较少;海拔600米以下的茶叶可以较为方便地大面积种植,产量大,然而其环境质量难以保证。而对于云南省而言,其基础海拔就很高,其产茶地海拔一般均在1500米左右,更高的话茶叶则难以生长了。另外,相比于人工种植的茶园来说,"野茶"往往只是三两株地生长于山林之中,与其他动植物相生相长,其品质尤为茶人们所称道。譬如著名的舒城"小兰花"茶,最初就是因为其地区盛产野生兰花,茶叶在兰花丛中生长,与兰为"友",形成其品味的独特之处。而今天舒城的兰花已经大量地减少,其"小兰花"茶的品质也因之而有所变化(见图2.4)。

第二章 喝一杯好茶——茶叶饮用品质的影响因素

图 2.4 舒城"小兰花"与野生兰花

第二节 茶叶的产时

对绿茶来说,人们通常喝春茶。春茶一般可划分为社前茶、火前茶和雨前茶三种。社前,是指在春社前,古代在立春后的第五个戊日祭祀土神,称之为社日。社日一般在立春后的 41~50 天,大约在春分时节(3 月 20 日左右),也就是比清明早半个月,这种春分时节采制的茶叶极为细嫩和珍贵。据说,我国唐代每年要求在清明前将紫笋贡茶运到长安,这种茶应该就是社前茶了。因为古时交通不方便,在湖州采制的紫笋茶就是用快马日夜兼程运到长安(西安),少说也得十天半个月。因此,每年皇宫"清明宴"上所用的紫笋贡茶应该是春分时节特别早萌芽而采制的茶叶。今天人们似乎已经很少提及社前茶了。火前即明前,因为古人在寒食节有禁火三日的习俗,三日内不生火做饭,故称"寒食",寒食节是在清明节的前一天,因此火前茶实际上就是明前茶。清代乾隆皇帝下江南在杭州观看龙井茶采制时,曾作《观采茶作歌》,有句云:"火前嫩,火后老,惟有骑火品最好",对清明期间所采制的茶情有独钟。雨前即谷雨前,从4月5日至4月20日左右采制的茶叶称为雨前茶。雨前茶虽不及明前茶那么细嫩,但由于这时气温高,芽叶生长相对较快,积累的内含物也较丰富,因此,雨前茶往往滋味更加醇厚而耐泡。明代许次纾在《茶疏》中谈到采茶时节时说:"清明太早,立夏太迟,谷雨前后,其时适中。"认为谷雨前后的茶最适合饮用。对今天的喝茶人来说,雨前茶应该是日常生活中不错的选择。

从茶叶的形制上来说,当茶树刚刚发出一点嫩芽时,象其形称作"雀舌"(见图2.5),这是最早期的茶叶;春季茶叶生长得很快,当长至

图2.5 雀舌

一片嫩叶陪伴一个茶尖时,称作"枪旗"(见图2.6),也就是说它像红缨枪的枪头配上一个红缨;长至两片嫩叶陪伴一个茶尖时,也称作"枪旗",是"一枪两旗"。以上时期所采摘的茶叶都是产时较好、品质较高

的茶叶。

图 2.6　枪旗

在今天的工商社会,如果仅从茶叶的形制上去判断产时的早迟,则往往可能"上当",因为有些茶商可能会将产时很迟的茶制作成"标准"的形制冒充早期的茶,从中赚取较高的利润,这些茶往往极其苦涩而难以入口。

一些发酵茶或者半发酵茶也会采用夏季或者秋季采摘的鲜叶制作茶叶。比如,著名的安溪铁观音茶属于半发酵茶,其生产原料既有春茶,也有夏茶和秋茶。

第三节　茶叶的制作

饮用的茶叶是以采摘的茶树嫩芽或新叶为原料,经过一连串的制作过程而制成的。茶叶的制作是一个灵活的过程,制茶人起到很重要的作用,不同的人制作出茶的风味是有差别的。现今,大部分的茶叶制作使用了很多机器设备来提高产量,然而一些顶级的优质茶叶仍然需要更多的手工制作。笼统地说,制茶过程主要是一个去除水分的过程,其中根据需要可以进行不同程度的发酵或者完全不发酵,从而制成不同品种的茶叶。大体上,制茶过程可以概括为:采青→(萎凋)→(发酵)→杀青→揉捻→干燥(初制茶)→精制→加工→包装(成品)。

一、采青

茶只能采摘嫩叶,老叶无法用,这些细嫩的部分,采下来后称为茶青(见图2.7)。采来的茶青可以分为芽茶和叶茶。芽茶以嫩芽做原料,茶性比较细致;叶茶以鲜叶做原料,茶性相对比较粗犷。

图 2.7 采青

二、萎凋

茶青采下来后放在空气中,会消失一部分的水分,这个过程称为萎凋(见图 2.8),在室外进行的称为室外萎凋,在室内进行的称为室内萎凋。水分的消失必须透过叶脉有秩序地从叶子边缘或气孔蒸发出来。每部分的细胞都必须消失一部分的水分,才能产生均匀地发酵。如果萎凋缺失,叶子晒干或晒死,会造成味薄;或者产生积水,则会造成苦涩。萎凋的过程一般就是静置与浪青交替进行。静置就是放置不动,让水分补给到边缘的地方,当然也让已经可以发酵的部分慢慢发酵;浪青就是搅拌,促使水分均匀消失,并且借叶子的互相摩擦促进氧化。这一过程在制作乌龙茶时常会使用,在制作绿茶时则尽量避免。

图 2.8　萎凋

三、发酵

在萎凋的过程中,茶叶会与空气起氧化作用,这个过程称发酵。发酵使茶在色、香、味等方面发生变化。

(一) 香变

不怎么发酵的茶喝起来是股"菜香",让它轻轻发酵就会转化成"花香",发酵变重后会转化成"果香",如果让它尽情地发酵就会变成"糖香"。其香气的转变似乎也有一个"发芽、开花、结果"的变化过程。

(二) 色变

香气的变化与颜色的转变是同步进行的。菜香的阶段是绿色,花香的阶段则带金黄色,果香的阶段是橘黄色,糖香的阶段是朱红色。

(三) 味变

发酵越小,越接近植物本身的味道;发酵越多,人为参与的程度也就越多,不同的人在这样的过程中,对茶叶品质的把握或影响也是千差万别的。发酵程度越大,嗅觉上的香味会越淡,而口感则会更醇厚一些。

四、杀青

用高温杀死叶细胞停止发酵的过程叫杀青。

第二章 喝一杯好茶——茶叶饮用品质的影响因素

（一）炒青

炒青就是下锅炒，也可是滚筒式，炒的茶比较香（见图 2.9、图 2.10）。现在市场上的大部分绿茶都是采用类似的方法制成。

图 2.9 炒青

图 2.10 滚筒式杀青

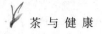

（二）蒸青

用蒸汽把茶青蒸熟，蒸的颜色比较翠绿，而且容易保留植物原来的细胞纤维。在古代制茶工艺中人们多使用蒸青的方法，后来才逐渐为炒青所代替。

五、揉捻

杀青过后，要将茶叶像揉面一样的揉捻，包括手揉捻、机揉捻、布揉捻。按程度可分为：轻揉捻，制成的茶成条形状；中揉捻，制成的茶成半球状；重揉捻，制成的茶成全球状。

揉捻的功用有：第一，揉破叶细胞以利于冲泡；第二，成形；第三，塑造不同的特性。揉捻的次数越多，茶性就会变得越低沉。

六、干燥

揉捻结束后，茶叶制作就算初步完成，这时要把水分蒸发掉，这个过程称为干燥（见图2.11）。可以在火炉上烘干，或者采用手摇式干燥机、自走式干燥机等设备进行干燥。

七、初制茶

干燥过的茶就可以拿来冲泡饮用，可是这种茶外形不好看，品质

第二章　喝一杯好茶——茶叶饮用品质的影响因素

也还不稳定,一般称为初制茶(见图 2.12)。

图 2.11　机器干燥设备

图 2.12　普通炒青初制茶

八、精制

销售之前,最好再经过一番精制,它包括:

（一）筛分

将茶筛分成粗细不同等位。

（二）剪切

需要较细的条形时，可用切碎机将它切碎。

（三）拔梗

将部分散离的茶质分离出来。

（四）覆火

干燥不够时，再干燥一次，也称补火。

（五）风选

将精制过的茶用风来吹，碎末和细片就会分离出来。

经过这些程序完成的茶，就是可以上市的精制茶。

通常的绿茶是将采摘下来的茶青直接进行杀青，而没有萎凋和发酵的程序，其制作工艺相对简单；乌龙系列的茶一般称作半发酵茶，随着发酵程度的深浅和发酵工艺的不同，可以制成不同风味的茶；而红茶和黑茶都属于完全发酵茶，它们在茶叶产地和发酵工艺上均有所不同（见图2.13）。

第二章 喝一杯好茶——茶叶饮用品质的影响因素

图 2.13 绿茶、乌龙茶、红茶和普洱沱茶

第四节 茶叶的保管

茶叶的保管,主要是为了维持茶叶性味的稳定,不使茶叶变质。从茶叶本身的稳定性来说,绿茶最容易变质,而完全发酵的茶如红茶、普洱茶等,则相对稳定。下面简要叙述绿茶保管中需要注意的几点,其他茶叶的保管则可以参考进行。

一、干燥

水分是促进茶叶成分发生化学反应的溶剂。水分越多,茶叶中有益成分扩散移动和相互作用就越显著,茶叶的陈化变质也就越迅速。那么,茶叶的含水量控制在多大范围最有利于存放呢?研究认为,保存茶叶的最佳含水量为3%。当茶叶含水量在6%以上时,茶叶的变质相当明显。以绿茶为例,随着含水量的增加,与茶叶品质有关的水浸出物,如茶多酚、叶绿素下降越明显。要防止茶叶在贮放过程中变质,必须将茶叶干燥至含水量在6%以内,最好控制在3%~5%之间。茶叶制作过程中对干燥程度的控制十分关键,干燥不充分,茶叶香味出不来且容易变质;干燥太过,则可能产生焦糊。在挑选茶叶时茶叶的干燥度,一般可凭触觉大抵估量出来,如果抓取一撮茶叶,用手指轻轻一搓,立即成粉末状,表明茶叶含水量基本达标,适宜保存;若用手指搓茶,只能使茶叶成片末状,表明茶叶含水量可能较大,这种茶叶一般不宜选购,或者立即进行干燥处理再保管。

二、低温

茶叶一般适宜低温冷藏,这样可减缓茶叶中各种成分的氧化过程。据试验,将茶叶贮存于-5℃以下,茶叶的氧化变质非常缓慢;贮存在-20℃以下,可久藏而不变质,几乎能完全防止品质劣变。若存放于茶馆或家庭,一般以10℃左右贮存茶的效果较好,如降低到0~5℃,则贮存效果就更好。

三、忌异味

由于茶叶具有很强的吸附作用,会像海绵吸水一样,吸收各种气

第二章 喝一杯好茶——茶叶饮用品质的影响因素

味。利用这种特点,可以将普通绿茶窨制成有其他香味的茶,如茉莉花茶。同样的,如果将茶叶与有异味的物品,如烟草、油脂、化妆品、腌鱼肉、樟脑等混放在一起,茶叶就会被污染,从而难以饮用。

四、忌光照

茶叶的自动氧化与茶叶本身的含水量、温度和光线都密切有关。光线除了促进茶叶色素氧化变色以外,还能使茶叶中的某些物质发生光化反应,产生一种"日晒味"。因此,茶叶如果受潮,切不可在日光下暴晒。一旦发现茶叶受潮回软时,应及时将保存不当的茶叶放在锅中或者焙笼中烘干。温度掌握在 40 ℃左右,最高不超过 50 ℃,并不断用手翻动茶叶,炒至捏茶条成末即可。

上述注意事项在今天的实际操作中可以简单地使用密封、低温保存的方式来达成,用普通的茶叶筒密封放在冰柜中保存即可。在古代则比较麻烦,所以过去通过丝绸之路出口的茶叶多制成沱茶或饼茶之类的发酵茶,其性味更稳定而利于保管。茶叶保管得好,还可以提高饮用品质。举例来说,新制的绿茶直接饮用往往会有"上火败味"的效果,而保存一年左右的茶再饮用则不再使人上火,口味也更佳。

第五节 茶　　具

茶具是人们进行饮茶活动时必不可少的器具。随着人们饮茶风俗的时代和地域的变化,茶具也有着不同的形态。广义的茶具指的是跟饮茶有关的所有器具,狭义的茶具主要是指饮茶时所使用的碗或杯等。按照材质分,茶碗或茶杯有木器、陶瓷器、金银器等多种,今天更是有玻璃和塑料材质的茶杯。据说,木质茶具最佳,陶器次之,瓷器再次之,金银器、玻璃器以及塑料制品则又次之。当然,这需要喝茶人自己在生活中去体会,去推敲和确认。

一、唐代茶具

早期的茶具可能是跟饮食器混用的,随着饮茶活动的发展,人们在陆羽《茶经》"四之器"中详列了28种煮茶、饮茶乃至洗涤用具,大致可以分为8类:

(一)生火用具

生火用具包括风炉(见图2.14)、灰承、筥、炭(挝)和火筴等5种,主要用于生火烧水。

图 2.14 风炉

(二）煮茶用具

煮茶用具包括鍑、交床和竹夹等3种。

（三）烤茶、碾茶和量茶用具

烤茶、碾茶和量茶用具包括夹、纸囊、碾、拂末、罗合（由罗和合组成）和则等6种（见图2.15）。

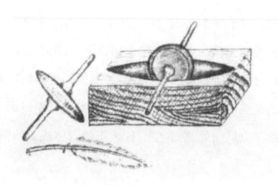

图2.15 茶碾和拂末

（四）盛水、滤水和取水用具

盛水、滤水和取水用具包括水方、漉水囊、瓢和熟盂等4种。

（五）盛盐、取盐用具

盛盐、取盐用具包括鹾簋和揭两种。

（六）饮茶用具

饮茶用具包括碗和札两种。

茶 与 健 康

（七）盛器和摆设用具

盛器和摆设用具包括畚、具列和都篮等3种。

（八）清洁用具

清洁用具包括涤方、滓方和巾等3种。

这些用具在唐人生活中比较常见，陆羽对它们的要求是实用性和艺术性并重的。对于饮茶器皿，他一方面力求有益于茶的汤质，一方面力求古雅和美观。例如，他不主张用银、瓷、石作为鍑的原材料，而主张用铁；他一再强调饮茶瓷碗的色泽，特别提到了"邢瓷"和"越瓷"："邢瓷类银，越瓷类玉""邢瓷类雪，则越瓷类冰""邢瓷白而茶色丹，越瓷青而茶色绿""以邢州处越州之上，殊为不然"，体现了他对茶具的精细化的要求。

二、宋代茶具

宋代茶具种类大体继承唐代，主要的变化是逐渐用茶瓶替代了之前的煎水用具，茶盏的颜色尚黑，并增加了"茶筅"，这些都是为了与斗茶相配套。从总体风格上说，唐宋茶具已经有了明显的变化。

宋代的煮水器很少用鍑，改用铫、瓶之类。铫俗称吊子，即有柄有嘴的烹器（见图2.16）。蔡襄《茶录》云："瓶，要小者，易候汤；又点茶、注汤有准，黄金为上，人间以银、铁或瓷、石为之。"很显然，改用有柄有嘴的茶铫、茶瓶，是为了斗茶时注汤的方便。宋徽宗《大观茶论》中有

第二章 喝一杯好茶——茶叶饮用品质的影响因素

较详细的记述:"瓶宜金银,大小之制惟所裁给,注汤害利,独瓶之口嘴而已。嘴之口,差大而宛直,则注汤力紧而不散。嘴之末,欲圆小而峻削,则用汤有节,而不滴沥。盖汤力紧则发速有节,不滴沥则茶面不破。"所以斗茶用的茶瓶,大多鼓腹细颈,单柄长嘴,嘴是抛物线状,注水时易于控制自如。

图 2.16　今人仿制提梁壶

宋代饮茶多用茶盏,是一种敞口小底厚壁的小碗,以通体施黑釉的"建盏"最受欢迎。因为斗茶时,茶汤呈白色,建盏的黑色更易于显出汤色来,且建盏壁厚,宜于保持茶汤的温度。另外,在建盏的烧制过程中偶然性地还会出现窑变,从而出现珍贵的"兔毫盏"等。除建盏外,其他釉色的茶具,如南宋龙泉哥窑的淡青色茶盏,官、定、汝、钧等窑烧制的青色或白色茶盏也颇受欢迎。

宋人还创制了茶筅,也就是竹帚,用老竹制成,筅身厚重,头则破竹成丝,可用于搅动茶汤,使之泛花。日本茶道用来搅茶汤的小笤帚,至今仍写作"茶筅"(见图 2.17),或许保留了宋人的风范。

图 2.17　茶筅

三、明清茶具

明清的茶具呈现一种返璞归真的倾向,崇尚陶质和瓷质茶具。而对于茶盏色彩的要求,则出现了"尚白"的转变。这是由于人们主要饮用的茶不再是唐宋时的饼茶,而是以散茶为主了。今天人们所饮用的绿茶和乌龙茶都属于散茶,其茶汤以青翠为胜,以白盏衬之,比较相宜。

明清茶具最为人所称道的则是江苏宜兴紫砂陶壶的创制和普及。据明人周高起《阳羡茗壶系》记载:"茶至明代,不复碾屑、和香药、制团饼,此已远过古人。近百年中,壶黜银锡及闽豫瓷而尚宜兴陶,又近人远过前人处也。陶何取诸?取诸其东山土砂,能发真茶之色香味。"紫砂陶壶(见图2.18～2.21)宜泡散茶,与末茶相比,散茶不容易瀹出香味,陶壶体小壁厚,保温性好,有助于瀹发和保持茶香,便受到欢迎。

第二章 喝一杯好茶——茶叶饮用品质的影响因素

随着宜兴紫砂陶壶的兴起和发展,《阳羡茗壶系》中对制壶的大家名家进行了述评,以"金沙寺僧"为"创始",以供春和"四名家"为"正始",以时大彬为"大家",李仲芳等为"名家",欧正春等为"雅流",陈仲美等为"神品",另外还有"别派"。宜兴陶壶的鼎盛时期,壶价之高,令人叹为观止。有清一代,宜兴陶制茶具也得到了长足的发展,清初陈鸣远,嘉庆杨彭年、陈曼生等人均是制壶的名家。另外,文人们买到紫砂壶之后,还有一个精心的"养壶"过程,茶、壶、人三者在不停地把玩中相互交流,构成一项美好的生活内容。

图 2.18 石瓢壶

图 2.19 秦权壶

图 2.20 合欢壶

图 2.21 如意壶

四、现代茶具

现代茶艺大体上是明清茶艺的延续，同时受到西方文化传入的影响和融合。日常生活中茶叶很普及，它成为人们饮宴、会晤以及商业活动中的常见内容。现代茶具多是延续了明清的陶瓷茶具，并由于工商业的发展，出现了大批新式的陶瓷茶具（见图 2.22～2.25）。另外，玻璃材质和塑料材质的茶杯也大量地出现在人们的生活之中，饮茶活

第二章 喝一杯好茶——茶叶饮用品质的影响因素

动越来越方便快捷,相应地也弱化了人们对茶的味觉感受,得到的享受也减弱了一些。

图 2.22 梅花执壶及盏

图 2.23 日式茶杯

图 2.24 甲骨文字壶

茶 与 健 康

图 2.25 白瓷茶盏

第六节 泡茶之水

泡茶之水对于一杯好茶至关重要。陆羽《茶经》认为:"其水,用山水上,江水中,井水下。"这是陆羽在长期的饮茶实践中所得到的经验,并得到历代茶人的基本认同。今天城市里面多饮用自来水,对水的品类没有太多的关注。但大体上来说,不同地域水的滋味是不同的,这一点可能异地求学的学生会有体会,初来乍到时可能会觉得新环境的水不好喝,习惯之后就没有什么感觉了。

一、东坡与水的故事

苏东坡是中国最受人喜爱的文人之一,有很多民间故事都是关于他的趣闻。苏东坡爱喝茶,并经常自己烹茶,这些在他的诗文中均有

第二章 喝一杯好茶——茶叶饮用品质的影响因素

记录。《试院煎茶》一诗就描述了煎茶过程中水的细微变化:

蟹眼已过鱼眼生,飕飕欲作松风鸣。蒙茸出磨细珠落,眩转绕瓯飞雪轻。银瓶泻汤夸第二,未识古今煎水意。君不见昔时李生好客手自煎,贵从活火发新泉。又不见今时潞公煎茶学西蜀,定州花瓷琢红玉。我今贫病常苦饥,分无玉碗捧蛾眉,且学公家作茗饮。博炉石铫行相随。不用撑肠拄腹文字五千卷,但愿一瓯常及睡足日高时。

苏东坡对烹茶之水甚是讲究,可是也曾受到过他老师的严厉"批评"。据说有一次他要回家乡探望。因为他是四川眉山人,当时的交通不便,需要沿着长江走水路出入四川,所以探亲一次很是难得。苏东坡便来向他的老师辞行,问问老师可需要什么四川特产正好顺路带回。老师说:"特产就算了,只是你那三峡中游的水甚好,给老夫带上一瓮,到时请你喝好茶!"苏东坡说:"好,没问题,学生一定给您带一瓮回来。"老师也很高兴,欢谈而罢。

转眼间,苏大学士探亲返程,从长江上游一路乘船而下。长江三峡的风景在今天看来是很美的,在古时更是山青而水秀,苏大学士一路赏玩山水,吟咏不绝,到了下游才发现忘了带那"中游之水"。苏东坡"乐极生悲",不知如何是好,对老师实在是无法交代。船家就奇怪了:"这苏大学士一路高歌猛进,怎么现在抑郁了?"于是船家就问原因,知道缘故后哈哈大笑:"你们读书人真是迂腐!我们这船本就是水托着走的,上游之水不就是中游之水,中游之水不就是下游之水?你现在就从江中舀一瓮不就是了。你们读书人真是迂腐!"苏东坡一听转忧为喜:"还是船家有学问!"赶紧从江中舀了一瓮密封保管,心想不负使命。

茶与健康

老师看苏东坡带了中游之水回来很是高兴,赶紧把火炉、茶具等搬了出来,珍藏的茶也拿出来,准备煮水泡茶喝。师徒二人都凝神静气地在煮水,煮着煮着老师眉头一皱:"小子,你这是中游之水吗?"苏东坡一想不对劲,但他心理素质好,说:"老师呀,这是我亲手从中游舀的水啊。"老师脸色一沉:"小子哎,还不老实。"苏东坡只好把事情原委跟老师老实交代。老师想"学生贪玩也属正常,认错态度还好",也就对苏东坡进行了一次茶艺的随机教育:"上游之水,河面狭窄,水流奔腾跳跃,水性烈;下游之水,河面宽阔,水流缓慢,水性滞。老夫我年迈,三焦不畅,只有这中游之水,忽忽而流,对老夫有通三焦之功效,最是相宜。可惜可惜。"

二、水的品评

空气和水是人们生存环境中非常重要的因素,在古代有专门的学问——风水学对人们的生活环境进行评价,今天人们也经常发布水质和空气质量等相关报告。中国古代文人更是乐此不疲地讨论着泡茶之水的等次,他们当时并不依靠仪器,依据的主要是自己的"眼耳鼻舌声意"或者说"直觉"。

陆羽《茶经》中即言"其水,用山水上,江水中,井水下"。唐人张又新则专门写了《煎茶水记》一书,自称转述了陆羽所列次的二十种水:"庐山康王谷水帘水,第一;无锡县惠山寺石泉水,第二;蕲州兰溪石下水,第三;峡州扇子山下有石突然,泄水独清冷,状如龟形,俗云虾蟆口水,第四;苏州虎丘寺石泉水,第五;庐山招贤寺下方桥潭水,第六;扬

第二章 喝一杯好茶——茶叶饮用品质的影响因素

子江南零水,第七;洪州西山东瀑布水,第八;唐州柏岩县淮水源,第九,淮水亦佳;庐州龙池山岭水,第十;丹阳县观音寺水,第十一;扬州大明寺水,第十二;汉江金州上游中零水,第十三,水苦;归州玉虚洞下香溪水,第十四;商州武关西洛水,第十五,未尝泥;吴松江水,第十六;天台山西南峰千丈瀑布水,第十七;郴州圆泉水,第十八;桐庐严陵滩水,第十九;雪水,第二十,用雪不可太冷。"

宋徽宗在《大观茶论》中也表达了对水的看法:"水以清轻甘洁为美,轻甘乃水之自然,独为难得。古人品水,虽曰中零、惠山为上,然人相去之远近,似不常得,但当取山泉之清洁者,其次则井水之常汲者为可用,若江河之水,则鱼鳖之腥,泥泞之污,虽轻甘无取。"

历代文人对泡茶之水还有诸多论述,足见古人对泡茶之水的重视程度。明人张源在《茶录》中说:"茶者,水之神;水者,茶之体。非真水莫显其神,非精茶曷窥其体。"古人对泡茶之水总结出"清、活、轻、甘、冽"五字的评价标准,而想要泡出好茶,需要泡茶人因地制宜地进行把握。

三、水的保管

《红楼梦》中,妙玉采集梅花上的水而置于罐中埋藏多年作为烹茶之用,引人怀想。古人对水的保管同样地积累了丰富的经验而别有雅趣。好茶固然难得,好水更是不易。所以古人获得名泉好水后,都十分珍视,善加保存。今人多是喝自来水,偶尔在农村还能看到用水缸盛水的情景(见图2.26、图2.27)。明代张源《茶录》介绍了常用的贮水法:"贮水瓮须置阴庭中,复以纱帛,使承星露之气,则英灵不散,神气常存。假令压以木石,封以纸箬,曝于日下,则外耗其神,内闭其气,水神敝矣。饮茶惟贵乎茶鲜水灵,茶失其鲜,水失其灵,则与沟渠水何异。"

图 2.26　陶制水缸　　　　图 2.27　汉罐

古人甚至总结了一些优化水质的方法,如石洗法、水洗法乃至"养水法"。对于泡茶之水,在煎水的过程中,当然也需要特别注意,既要煮沸,又要注意水不能煎"老"。其间的火候也需要泡茶之人灵活把握。

第三章　喝一口好茶

——惟凭心自觉

　　茶艺是中国古人发展出来的一种生活方式,是为了满足人们的物质更多的是精神需求而存在的。科技的发展为人们的生活提供了众多的检测手段,专业人员可以依靠专门的仪器去检测水源、空气以及食品的质量等。对于茶叶,检测人员也早已可以检测其有效成分、微量元素以及是否喷洒农药等,这些进步主要偏重于茶叶的物质层面。在享受科技带来的便利的同时,人们对于茶叶品质的直观品鉴似乎也越来越多地交给了专家,而不太能够肯定自己对于面前这杯茶的真实感觉。关于茶艺的任何知识,如果不能落实到实际的生活中,人们则很难从喝茶中获得享受。而在古代,人们则是从相对主观的层面去体验茶艺,通过眼、耳、鼻、舌、身、意,去观色、听音、闻香、尝味、接触、冥想,与茶互动,去建立自己对茶叶或茶艺的感觉坐标。如果能够养成喝茶的习惯,能够享受茶艺带来的乐趣,那么就相当于为自己构建了一个小的精神家园:闲暇无事时,喝上一口好茶,给自己养养精神;俗务凡情缠身时,喝上一口好茶,给自己一份轻松……有一天,我们会发现,茶艺回馈了我们一份健康、祥和的人生空间。

茶 与 健 康

第一节　茶艺的精神

茶艺孕育于中国传统文化之中。茶叶从被发现,经历了药用、食用而进入饮用的悠久发展历程,随着茶叶受到越来越多人的喜爱,在历史与社会时空中得以广泛地流行,因其独有的滋味与品质,在茶叶发展史的早期,便被赋予了一定的精神内涵。而随着社会的变革,文化氛围的转化,在不同的历史时期,其精神属性也有着不同的表达。

一、礼乐文明中的中国茶艺

古代中国是一个礼乐社会,茶文化,无疑是在礼乐文明的熏陶与孕育下逐渐形成并发展起来的。在茶文化发展过程中起关键推动的文人们,大都是服膺礼乐文明的传统,从而使得中国茶文化具有深厚的礼乐特质。例如,茶文化中所强调的"敬"与"和",以贡茶、赠茶、赐茶、敬茶、奉茶等仪式为代表的各种茶礼,婚丧嫁娶、祭天祀祖等活动中的茶俗,都蕴含着丰厚的礼乐精神。

茶的饮用起源于中国西南部的巴蜀地区,到魏晋南北朝时已经流传到长江流域,并开始向南方的两广地区传播。魏晋南北朝处于中国两大盛世汉唐王朝之间,长期处于南北对峙状态,政权更迭频繁,但文学、艺术、思想以及民族融合的成就则是空前的,饮茶便由此开始进入

第三章 喝一口好茶——惟凭心自觉

北方生活,然其主体依然为社会上层贵族、士族及文人。此时,帝王贵族聚敛成风,官吏士人亦斗豪比富,在这种社会环境下,一些茶人提出"以茶养廉"的行为品质。关于此,陆羽《茶经》与晋《中兴书》中记载有"陆纳杖侄"的故事:东晋人陆纳,任吴兴太守,将军谢安一日到陆府拜访,陆纳之侄陆椒自作主张呈上丰富的酒馔,客人走后陆纳责备侄儿曰"汝既不能光益叔父,奈何秽吾素业",并打四十大板。另外,与陆纳同时期的恒温和南齐世祖武皇帝亦主张以茶代酒,以茶来提倡节俭的生活方式。

到了唐代,茶随着社会的繁荣迅速发展与普及(见图3.1)。唐代是我国古代一个国家统一、经济繁荣、文化昌盛的朝代,唐王朝开放的政策使得商业交易畅顺,各民族交流成果显著。正是在这样的时代背景下,茶也得到了极为广泛地传播与流行,有"比屋之饮"的形势,从皇室贵胄至平民百姓,均"累日不食犹得,不得一日无茶也"(唐·杨华《膳夫经手录》)。唐代茶艺的兴盛,与唐代禅宗的兴盛、贡茶的兴起、中唐之后的禁酒令等都有一定的联系。另外,唐代诗风大盛也在一定程度上推动了茶叶的广泛流传及其精神内涵的形成,这在流传于世的赞茶诗中可窥一斑。而陆羽《茶经》的面世,则在茶文化的历史上,具有里程碑式的意义。《茶经》为我国第一部系统地介绍茶的专著,作者陆羽因生活经历深受儒学与佛学的双重影响,此书不但系统地介绍了茶的生长环境、自然功效、采摘制作工具、采茶时节与标准、煮茶饮茶器具等从种植到饮用的基本知识,更为有意义的是,陆羽将茶从"饮"提升到"品",饮茶开始不限于解渴之用,而成为一种生活的艺术,被赋予"精行俭德"的精神内涵。唐代的《宫乐图》中也有类似的描绘,品茶之时,亦共享丝竹之乐,蒲扇摇曳,雍容而自得。

图 3.1　唐代《宫乐图》

宋王朝是一个代表着精致文化、高雅生活方式的王朝,经历了五代十国的割据后,开国皇帝宋太祖提倡"抑武扬文"的治国方针,成就了一个集传统文化之大成的时代。茶文化方面,茶的品饮更为普遍与精致,茶作为日常生活的一部分,融入到百姓的市井生活中。同时,文人雅士们也对茶艺十分珍爱而乐此不疲,尤其是在宋皇室对茶的极力推崇下,造就了宋朝的茶文化(见图 3.2)。宋太平兴国初年,朝廷开始派贡茶使到福建建安北苑督造团茶,因供皇宫使用而特用龙凤图案,从而出现了龙凤团茶,后又造出白乳、小龙团、密云龙、瑞云翔龙等;至大观、政和年间,因宋徽宗好白茶,继而又造出一系列白茶神品;到宣和年间,其所造之茶已经到了"穷奢极侈"的地步。从宋徽宗所著《大观茶论》中,可见宋朝茶艺之一斑。另外,随着对茶精益求精的追求,斗茶之风日盛,从市井百姓到文人士族,均乐于斗茶,从而促进了对茶的色香味的极致追求,同时也产生了与斗茶有关的诗词、绘画等艺术

第三章 喝一口好茶——惟凭心自觉

作品。范仲淹曾在《和章岷从事斗茶歌》中对斗茶做出了如下的描述："北苑将期献天子,林下雄豪先斗美。鼎磨云外首山铜,瓶携江上中泠水。黄金碾畔绿尘飞,紫玉瓯心雪涛起。斗余味兮轻醍醐,斗余香兮薄兰芷。其间品第胡能欺,十目视而十手指。胜若登仙不可攀,输同降将无穷耻。"宋朝因"抑武扬文",形成了广泛的文人阶层,而其大多数都喜茶,如欧阳修、苏轼等,从而使茶开始与琴棋书画等其他艺术方式相结合,茶文化开始作为一种独特形式渗透于各个文化领域。苏轼曾著《叶嘉传》,用拟人的手法,赋予茶"风味恬淡,清白可爱,颇负其名,有济世之才"的品质特征。宋徽宗在《大观茶论》的综论中,曾对茶的精神内涵有如下的描述:"至若茶之为物,擅瓯闽之秀气,钟山川之灵禀,祛襟涤滞,致清导和,则非庸人孺子可得而知矣,中澹间洁,韵高致静,则非遑遽之时可得而好尚矣。"

图3.2 宋·赵佶《文会图》

宋代贡茶的加工日趋精致,而到达无以复加的地步,耗费大量人力物力的同时,因加入麝香、龙脑等香料,茶之真味已有所失。从元代

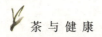
茶 与 健 康

开始到明代,散茶便开始逐步取代团茶,洪武皇帝因龙团茶"重劳民力,遂罢造龙团,唯采芽茶以进"(明·沈德符《万历野获编》),从而在一定程度上促进了名优散茶的兴起与发展,开创了品饮艺术的新局面。在我国饮茶史上,文人与茶的关系一直非比寻常,不但直接推动着品饮文化的前进,而且流传下许多关于茶的文字记载与诗词书画。不同的时代,茶的品饮方式与精神均深受文人生活方式的影响。明朝文人追求自然的环境,精神的放松,风流倜傥的生活模式,而散茶的品饮拉近了人与自然的距离,同时又得茶之真味,受到文人的普遍推崇。另外,明代茶人关注茶具的选择,并推动了紫砂茶具的兴起,紫砂壶的形制与材质,均比较符合当时社会的平淡、质朴、自然、闲雅、温厚等精神风貌。

到了清代,散茶经过进一步的发展,六大茶类基本形成,并在18世纪开始大规模输入欧洲,成为欧洲上流社会的标志性饮品。在清皇室贡茶的影响下,各地名茶数量大增,茶叶经济也得以快速发展,茶馆林立,茶叶商品经济遍布世界各地。

茶叶起源于中国,从起源到发展、兴盛、普及,直至如今为世界各地所喜爱,茶文化得到了多层次的发展,在不同的历史时期,根据其特定的社会条件与文化氛围,茶艺被赋予独特的人文意蕴与精神内涵。

二、茶禅一味——茶与禅宗的不解之缘

日本神话称,中国茶树起源于达摩。据传达摩为了免除坐禅时的瞌睡,就把自己的眼皮割下扔在地上,结果眼皮在地上生根发芽长成

第三章 喝一口好茶——惟凭心自觉

了茶树。这个传说具有独特的寓意,茶成为"觉醒"的象征(见图3.3)。事实上,茶确实有着帮助人们提神和保持清醒的作用,所以历来为真实修证的僧人们所喜爱。

唐代赵州从谂禅师曾在一个名为观音院的禅院做了40年住持,有"吃茶去""庭前柏树子"等几桩有名的禅门公案。有两位僧人从远方来到赵州,向赵州禅师请教如何是禅。赵州禅师问其中的一个:"你以前来过吗?"那个人回答:"没有来过。"赵州禅师说:"吃茶去!"赵州禅师转向另一个僧人,问:"你来过吗?"这个僧人说:"我曾经来过。"赵州禅师说:"吃茶去!"这时,引领那两个僧人到赵州禅师身边来的监院就好奇地问:"禅师,怎么来过的你让他吃茶去,未曾来过的你也让他吃茶去呢?"赵州禅师于是喊了一声监院的名字,监院应了一下,赵州禅师说:"你也吃茶去!"

图3.3 "禅茶一味"印章

据说,"茶禅一味"法语最早是圆悟克勤禅师所书。圆悟克勤是宋代临济宗的禅僧,北宋徽宗赐"佛果禅师"号,南宋高宗赐"圆悟禅师"号。他撰写的《碧岩录》为禅门经典,继承其法的两大弟子为虎丘绍隆和大慧宗杲。相传弟子虎丘绍隆要离开师傅去云居山真如院担任住持,圆悟克勤禅师写给他一幅字,大体意思是说虎丘追随自己参禅多年,已达大彻大悟之境,特此证明。这张珍贵的印可证书(为行书,43.9 cm×52.4 cm,日本东京国立博物馆藏,见图3.4)后来传入日本,成为日本茶道界最高的宝物。

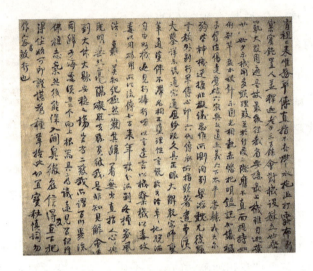

图 3.4 《印可状》纸本

三、和敬清寂——日本的茶道

茶艺自宋代传到日本之后,在日本逐渐兴盛,并由此而产生了具有"和、敬、清、寂"精神内涵的日本茶道。"和、敬、清、寂"作为日本茶道"四规",自茶道产生伊始,在各种茶道活动中作为指导思想,受到了绝对性的重视。从狭义上讲,"和"强调茶事过程主人与客人之间的和气,整体的和谐;"敬"强调对待茶事活动的一份尊敬、谨慎之心,对待客人如此,点茶如此,挂画、插花、点香亦如此;"清"则要求茶室环境、气氛以及内心的清净状态;"寂"为寂静、闲寂之意,强调茶事活动以及茶人内心的简素纯洁,静寂庄重。而从广义而言,"和、敬、清、寂"可为一种美学认知,或是人生态度,不但影响茶事,亦影响人类本真的内心,影响每一分钟的生活,影响着对茶的精神本质的领悟、对生命本质

第三章 喝一口好茶——惟凭心自觉

的体味。

和,是中国传统文化及哲学思想中一个重要的理念,也是儒释道共通的哲学思想。儒学在"和"的哲学思想基础上提出"和为贵""和为美"等理念;而佛教用"因缘和合"来解释人与环境、与他人、与自我内心的三重关系,有"和"才能和谐,有"和"才能圆满;而《周易》之和为"保合大和",世间万物皆有阴阳,阴阳调和,方为宇宙之道。陆羽《茶经》中便有关于和谐之道的描述,煮茶之风炉由铁铸而从"金",风炉触地而从"土",烧炉之炭而从"木",木燃而从"火",而茶汤则从"水",如此金木水火土相生相克达到和谐平衡。

敬,茶室中,主客之间相和相敬,对待茶室的字画、茶碗、插花以及其他用具都保有一份恭敬之心,便是茶道中"敬"之精神。扩展到茶室之外,对自己保有一份敬,对待他人,以及事、物、环境都保有一份敬,人的内心便会因为这份敬而谨慎对待自己、对待生命、对待世间万物,社会也会因为这份敬而关注人性本源,充溢人性关怀。

清,不但指茶事环境的清洁,亦指人们内心的清净,为茶道中外物与内心统合的清净状态。清凉的庭院,清新的插花,清净的茶具,清爽的茶室,简单的色调组合为让人心神安定的整体环境,此时内心也滤除平日的杂念与纷繁,用一颗清净简单的心对待茶事,耳听茶响,鼻闻茶香,口品茶味,眼观茶色,如此在清净的环境下放下尘俗,六根清净,生轻松清爽之感。

寂,有寂静、寂寥、空寂、闲寂之意,清净的环境与心境中,自然而生静寂之状态,而静寂中自有严肃、庄重之感,进而达到清净无垢的境界。寂更是一种人生状态,是对生命本真的了悟。在茶道中人们体味

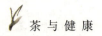

孤寂,体味孤寂中的娴静与安然,内心不再因孤寂而无所适从,呈现出一种安定和谐之态。

日本人保存了一些中国唐宋时期文化的形式与风范,可以帮助我们想见中国古人的生活艺术。

四、今人的茶艺实践——回归质朴与优雅的生活

今日中国已经发展成为高频的工商信息社会,人们的生活节奏加快,大家在争分夺秒地追求实现自己的价值,茶艺的身影也经常出现在商务与会客场合。不过作为茶艺课程我们更加希望学生自己可以从兴趣出发,从日常的生活习惯出发,将"喝茶"变成自己生活中的小情趣,将茶艺变成个人化的爱好。少一些"忽悠",多一点真实的体验。不需要太过在意茶艺的形式和茶具的精美,直接与茶叶和水本身接触和交流,回归一种质朴的生活风范。

在今天忙碌的生活中,我们似乎没有时间关心自己的生活是否优雅,付出是否值得,所得是否即是所需。我们没有时间考虑太多,只希望"只争朝夕",为自己和家庭争取更多的资源。我们的物质生活已然是非常丰富,而所获得的似乎又太单调,没有新的东西,甚至并不知道自己到底缺失了什么。近年来,人们开始尝试从中华传统文化中寻觅一些日常生活中缺失的东西,茶艺是一个很好的切入点。无论生活多么忙碌,至少在每天留出一点时间给自己泡一壶茶,静静地反省一天的生活,构思一下未来的生活,或者什么都不想,仅与茶静静地相处。在静谧中面对茶事,面对自己,面对他人,

第三章 喝一口好茶——惟凭心自觉

面对环境,面对当下。或许我们能从中得到一分安详淡定的心境,培养出自己在新的礼乐社会中"精神贵族"的气质风范。

第二节 茶 室

一、品茗环境

饮茶是生活的艺术,其品饮环境也十分重要。茶文化的源起、发展与文人士族和僧人有着密切的关系,茶的本性亦是清凉质朴,饮茶环境的基调便以清幽为上。

唐代诗僧皎然曾在《晦夜李侍御萼宅集招潘述、汤衡、海上人饮茶赋》中对一场茶会有如下描述:"晦夜不生月,琴轩犹为开。墙东隐者在,淇上逸僧来。茗爱传花饮,诗看卷素裁。风流高此会,晓景屡裴回。"品茗与赏花、吟诗、听琴等雅事相结合,仿佛是饮茶自古以来的环境。陆羽曾在杼山妙喜寺旁建造一茶亭,其周围环境绝胜,曲径通幽,百步处还有丹青紫三色桂树。因建成之日为癸年癸月癸日,颜真卿便为之命名曰"三癸亭",诗人皎然亦和诗相庆。

到了宋代,饮茶环境根据饮茶阶层的不同,其风格亦有所不同。皇室贵族重礼仪,尽奢华之事;民间的茶肆、茶坊质朴而欢快;而文人则追求回归自然,在一杯清茶中品味宁静致远的人生境界。宋代大文豪苏东坡好茶,并喜临水品茗,他在《惠山谒钱道人,烹小龙团,登绝顶，望太湖》中浪漫豪放地描述临太湖品茶的心境："踏遍江南南岸山，逢山未免更流连。独携天上小团月，来试人间第二泉。石路萦回九龙脊，水光翻动五湖天。孙登无语空归去，半岭松声万籁传。"

到了明代，自然质朴的思想占据社会思想的主要地位，对茶室与自然的结合也颇为讲究，文震亨《长物志》记载了时人对理想茶寮的描述："构一斗室，相傍山斋，内设茶具，教一童专主茶设，以供长日清谈，寒宵兀坐。幽人首务，不可少废者。"唐寅有《事茗图》(见图3.5)一幅，

图3.5 明·唐寅《事茗图》

其中青山高耸，古树苍劲，几间茅舍朦胧于云雾缭绕中，远处高山若隐若现，左侧，唐寅为此画题诗云，"日长何所事，茗碗自赍持。料得南窗下，清风满鬓丝"，一副"采菊东篱下，悠然见南山"的幽静意境。而明代茶人徐渭也在《徐文长秘集》里描述了他心中的饮茶环境："品茶宜精舍，宜云林，宜寒宵兀坐，宜松风下，宜花鸟间，宜清流白云，宜绿鲜苍苔，宜素手汲泉，宜红装扫雪，宜船头吹火，宜竹里飘烟。"

明代茶人许次纾在《茶疏》中，对饮茶场所布置做了具体的描述："小斋之外，别置茶寮，高燥明爽，勿令闭塞。壁边列置两炉，炉以小雪洞覆之。止开一面，用省灰尘腾散。寮前置一几，以顿茶注茶盂，为临时供具，别置一几，以顿他器。旁列一架，巾帨悬之，见用之时，即置房中。斟

第三章 喝一口好茶——惟凭心自觉

酌之后,旋加以盖,毋受尘污,使损水力。炭宜远置,勿令近炉,尤宜多办宿干易炽。炉少去壁,灰宜频扫。总之以慎火防,此为最急。"

到了清代,随着茶馆茶肆的流行,茶室环境便开始趋于日常生活化。另一方面,我们很少在文献与诗词中找到对饮茶环境细致的描述,可见的有《红楼梦》第四十一回"贾宝玉品茶栊翠庵"中的点滴描述。妙玉在奉贾母吃完茶后,"便把宝钗和黛玉的衣襟一拉,二人随他出去。宝玉悄悄地随后跟了来。只见妙玉让他二人在耳房内,宝钗坐在榻上,黛玉便坐在蒲团上。妙玉自向风炉上扇滚了水,另泡一壶茶。宝玉便走进来,笑道,'偏你们吃梯己茶呢……'"这里较少有自然环境的描写,着重涉及的是妙玉的内心环境。作为清高孤傲的出家人,妙玉情趣高雅,她只邀黛玉、宝钗喝梯己茶,可见她认为大观园中或许也只有这两位在文学或思想方面可以与她有所交流。休闲自得的状态,志趣相投的嘉客,是文人雅士更为关注的饮茶环境。

二、茶道四艺

山水田园中搭建茶舍,有清风明月、青松翠竹、清泉汩汩,忘却尘俗,抛开功名,或许是中国文人自魏晋以来共同的美好设想。自宋代以来,随着文人的入朝与活跃,茶室品茗成为主流,由此,焚香、挂画、插花、听琴便开始并称茶道四艺,受到文人雅士的喜爱(见图 3.6)。

图 3.6 "吾用"印章

65

茶与健康

（一）焚香

古人把焚香伴茶作为一大雅事，文震亨在《长物志》中记载了这一雅趣："香、茗之用，其利最溥。物外高隐，坐语道德，可以清心悦神；初阳薄暝，兴味萧瑟，可以畅怀舒啸；晴窗拓帖，挥尘闲吟，篝灯夜读，可以远辟睡魔；青衣红袖，密语谈私，可以助情热意；坐雨闭窗，饭余散步，可以遣寂除烦；醉筵醒客，夜语蓬窗，长啸空楼，冰弦戛指，可以佐欢解渴。品之最优者以沉香、岕茶为首，第焚煮有法，必贞夫韵士，乃能究心耳。"

图 3.7　清·倪田《品茗图》

焚香可以驱除蚊虫，净化环境中的浊气，后来逐渐发展，变得庄严神圣，多用于祭拜或是静心。而其祭拜中的诚敬与静心之功效，与品茶不谋而合，成为古人茶道中收敛心境的一道程序。文人在抚琴、吟诗、作画或是静坐安神的时候多有焚香的习惯（见图 3.7），陆游在书斋时常常焚香而读："官身常欠读书债，禄米不供沽酒资，剩喜今朝寂无事，焚香闲看玉溪诗。"国画大师齐白石亦推崇焚香，他曾言道："观画，在香雾飘动中可以达到入神境界；作画，我也于香雾中做到似与不似之间，写意而能传神。"

清香缭绕中,一杯清茶,自得人间一份闲情淡然。然而需要我们注意的是,茶性易染,具有很高的灵敏度,所以香的品质、焚香的时间与位置,需要斟酌,不能污染了茗茶。

(二)挂画

挂画,顾名思义是在茶室中挂上一幅书画作品,或是高僧作品,或是名家之作,或是友人之笔,文字或禅韵悠悠,或文雅娴静,或彰显季节气息。挂画作为茶道的一部分,传播到日本之后,在日本茶道中受到了极为尊贵的推崇,成为茶道虔诚静心的第一步。日本茶道鼻祖千利休在其《南方录》中强调了挂画的重要性:"挂画为茶室设置中最要紧之事,客人要靠它领悟茶道三昧之境,仰其文句之意,领笔者、道士、祖师之德。"日本茶事中,客人走进茶室后,首先要跪坐壁龛前,观礼挂画,体味其中意境。书写挂画的人一般为寺庙的高僧大德或文人雅士,内容一般简单清幽又自然有禅意,看挂画亦可知茶事的主题。

(三)插花

插花与品茗的关系,明代文学家袁宏道曾在《瓶史》中有记载:"茗赏者而上,谈赏者而次,酒赏者而下。"花是自然界美的代言者,以千姿百态吸引着自古以来爱美之人,而以自然界中的草木、鲜花为原料,融入不同文化传统、思想与情感,根据花卉的造型、种类、线条进行再创造,便是一门艺术了。日本更是将其上升到"形而上"的高度,称之为"花道"。茶艺中的插花,与一般意义的插花有所不同,茶之性俭,茶室中的插花作品要自然、简单、质朴,构图亦朴素大方,呈现出清雅绝俗的效果。

(四)听琴

音乐是中国传统文化中最灿烂的一章,自古便有"子在齐闻韶,三月不知肉味"的美妙记载;音乐也是中国传统文化中丢失最严重的一章,今日中国人已很难想见古代音乐所能达到的境界。古琴在中国文人的精神空间中占据着极为重要的作用,位于"琴棋书画诗酒茶"之首。琴音韵律中的清幽、雅致、静寂与品茗相通。明代文人杨表正曾在《弹琴杂识》中对弹琴有如下描述:"凡鼓琴,必择静室高堂,或升层楼之上,或于林石之间,或登山巅,或游水湄,或观宇中。值二气高明之时,清风明月之夜,焚香静室坐定,心不外驰,气血和平,方与神合,灵与道合。如不遇知音,宁对清风明月、苍松怪石、巅猿老鹤而鼓耳,是为自得其乐也。"因茶与琴的相通,文人在品茗之时也常常随性抚琴,让琴声与茶香在时空中相交相融,织成云雾缭绕的山中仙境(见图3.8、图3.9)。

图3.8　唐·周昉《调琴啜茗图》

第三章 喝一口好茶——惟凭心自觉

图 3.9　明·陈洪绶《听琴品茗图》

三、中国科学技术大学茶室——天缘茶庄

　　天缘茶庄位于中国科学技术大学(简称"中科大",下同)东区体育教学楼 3 楼,是中科大学子的茶艺课堂(见图 3.10)。简朴的装饰,清幽的画卷,质朴的书法作品,柔和的灯光,舒适的座椅,在相对安静清

图 3.10　天缘茶庄牌匾

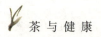 茶 与 健 康

幽的环境下,中科大学子品茶、闻香、听琴,愉悦地交谈,在紧张的学习生活之余给自己留下一份闲适和安宁的空间(见图 3.11、图 3.12)。

图 3.11 分茶

图 3.12 师生交流

第三节 茶 友

独自品茗,有时未免寂寥,形单影只的生命状态中平添一种孤寂。

第三章 喝一口好茶——惟凭心自觉

而若有几知己茶聚,无需言辞,汩汩茶水中自有一份热情,点杯投注间颇有和敬之意,眼神交流处亦有那心有灵犀一点通的妙境(见图3.13)。空谷山涧草舍中,煮泉品茗,读书听琴,吟诗作赋,清幽空寂中享受一片清净,体悟茶味人生。

以茶会友,品茗聚友,是我国自古以来的一种生活方式。茶性俭,喜茶之人也大都追求俭朴生活,娴静清幽,简单无俗,在现代可以认为

图 3.13 "平生知己"印章

是奉行低碳生活理念,养成健康生活方式,在信息社会的纷繁复杂中,追求高雅精致的生活。而茶友佳话,在历史的河流中,亦如浩瀚烟海数之不尽,用人与人之间恬淡的情感,诠释与传递着对生命的理解与体悟。

魏晋文人有清谈之风,前期的清谈家们好酒,而后期的清谈家们则嗜茶。邓子琴先生在《中国风俗史》中记述:"如王衍之终日清谈,比与水浆有关,中国饮茶之嗜好,亦当盛于此时,而清谈家当尤倡之。"以茶相助,酌茗清谈,坐而论道,辨析名理,品茗清谈中传递着雅致的生活。晋代名士王濛好茶,每每以茶待友,而那时许多士大夫尚未有饮茶习惯,总觉此饮味苦难饮,所以每次赴约,都戏称"今日有水厄",而"水厄"一词也在那一时段成为"茶"的戏称。

在中国最早的晋代茶人杜育所作的咏茶赋《荈赋》中,亦可见茶友结伴登山煮茶的清幽雅事:"月惟初秋,农功少休。结偶同旅,是采是求。水则岷方之注,挹彼清流。器择陶简,出自东隅。酌之以匏,取式公刘。惟兹初成,沫沈华浮。焕如积雪,晔若春敷。"初秋农忙闲暇,几

 茶 与 健 康

好友结伴入山采茶,并汲取岷江活水而烹之。可见因茶相聚,已是当时文人士族所颂咏的清雅韵事。

唐中叶以后,饮茶之风已经从宫廷士族普及到社会各阶层,到处可见"萤影夜攒疑烧起,茶烟朝出认云归"的景象,嗜茶之人越来越多,以茶会友,以茶相交,对茶事的记载与吟咏也逐渐多了起来。大诗人白居易嗜茶如命,"尽日一餐茶两碗,更到无所要明朝",常举办茶宴茶会,以茶相聚,品茗清淡,吟诗联句,其乐无穷。他在任杭州刺史期间与韬光禅师相识,并有一段汲泉烹茶的趣闻。一次,白居易以诗邀请韬光禅师到杭州城做客:"白屋炊香饭,荤膻不入家。滤泉澄葛粉,洗手摘藤花。青芥除黄叶,红姜带紫芽。命师相伴饮,斋罢一瓯茶。"收到邀请信的韬光禅师没有去拜访这位刺史,而是饶有情趣地回诗一首:"山僧野性好林泉,每向岩阿倚石眠。不解栽松陪玉勒,惟能引水种金莲。白云乍可来青嶂,明月难教下碧天。城市不能飞锡去,恐妨莺啭翠楼前。"婉转拒绝了白居易的邀请。之后这位刺史只好亲自上山拜访禅师,一起品茶论道,而其烹茶处,据说被命名为烹茗井而留在韬光寺。茶友间还常常不远千里,寄赠佳茗,共享好茶,白居易在《谢李六郎中寄新蜀茶》中写道:"故情周匝向交亲,新茗分张及病身。红纸一封书后信,绿芽十片火前春。汤添勺水煎鱼眼,末下刀圭搅麴尘。不寄他人先寄我,应缘我是别茶人。"

中国茶文化发展史上,曾经有一个茶友团体对茶文化的发展起了极为重要的推进作用。唐代书法家颜真卿在被贬为湖州刺史期间,与陆羽成为忘年交,同时又与同在湖州的唐代著名诗僧皎然结为挚友,另外因茶而结缘的还有张志和、皇甫曾、皇甫冉、刘长卿、袁高、李萼等

第三章 喝一口好茶——惟凭心自觉

十多位对茶有浓厚兴趣之人。他们频繁举办茶会茶宴,常常登高远望或是泛舟湖上,吟诗相和,有几十组联句记留在《全唐诗》中,如《无言月夜啜茶联句》等。陆羽在与这些茶友相交中(见图 3.14),将儒释道等思想融会贯通,并将这些思想融入《茶经》的写作中,使其成为一部极具历史开创性和深刻思想内涵的学术著作。此外,颜真卿曾修《韵海镜源》一书,他曾邀请陆羽参与编纂,使陆羽有机会阅读到大量典籍,这对陆羽完成《茶经》或许也具有间接的积极作用。

图 3.14　元·赵原《陆羽烹茶图》

以茶为宴,兴起于唐代,大才子钱起曾有两首关于茶宴的诗。其一为《与赵莒茶宴》:"竹下忘言对紫茶,全胜羽客醉流霞。尘心洗尽兴难尽,一树蝉声片影斜。"其二为《过长孙宅与朗上人茶会》:"偶与息心侣,忘归才子家。言谈兼藻思,绿茗代榴花。岸帻看云卷,含毫任景斜。松乔若逢此,不复醉流霞。"两首茶宴诗,以禅意的文笔,描述了树影半只,蝉声一树的空灵境界,充分表现了朋友间问茗清谈的情致与相对忘言的境界。

斗茶有时也会成为茶人间较量茶艺、休闲娱乐、提高视野的一种方式。唐代多位帝王好茶,其中唐玄宗是极具代表性的一位,他多才

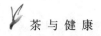

多艺,也时常举办茶会,有时还与妃子斗茶。宋代李俊甫的《莆阳比事》中有一段记载:"上尝与梅妃斗茶,顾诸王戏曰:'此梅精,吹玉笛作惊鸿舞,一一生辉。今斗茶,又胜我矣!'妃应声曰:'草木之戏,误胜陛下,设使调和四海,烹饪鼎鼐,万乘自有宪度,贱妾何能较胜负耶。'上大悦。"斗茶中亦见茶趣盎然,一种别样的生活乐趣。

继晚唐五代饮茶普及之后,宋代饮茶风气更盛,饮茶之风深入社会各个阶层,嗜茶之人更为繁多,从宫廷到社会名流,尤其是主导当时社会的文人们几乎都爱茶,而与之相关的茶友轶事,也就如天上繁星一般点缀其中。

大文豪苏东坡曾得皇帝御赐的龙团茶,他邀请茶友共品,煮茶论道,斗茶论功,别有一番情致。在《行香子·茶词》中,他如此记述此次品茶:"绮席才终,欢意犹浓。酒阑时,高兴无穷。共夸君赐,初拆臣封。看分香饼,黄金缕,密云龙。斗赢一水,功敌千钟。觉凉生,两腋清风。暂留红袖,少却纱笼。放笙歌散,庭院静,略从容。"

苏轼任杭州知府时,与西湖畔南屏山净慈寺的谦和尚因茶结下深厚友谊,品茶吟诗,谈古论今。多年后,他又到杭州游西湖寿星寺,谦师闻讯后特意赶去为其点茶。苏轼感动于老友的远道而来,并再次感受了禅师炉火纯青的点茶技术,而写下《送南屏谦师》这首诗:"道人晓出南屏山,来试点茶三昧手。忽惊午盏兔毛斑,打作春瓮鹅儿酒。天台乳花世不见,玉川风腋今安有。先生有意续茶经,会使老谦名不朽。"

大书法家黄庭坚出身江西修水,他极喜爱自己家乡的双井茶,并且不遗余力地向当时的文人士族推荐双井茶,他曾将双井茶赠送苏

第三章 喝一口好茶——惟凭心自觉

轼,并附上一首《双井茶送子瞻》的诗:"人间风日不到处,天上玉堂森宝书。想见东坡旧居士,挥毫万斛泻明珠。我家江南摘云腴,落磑霏霏雪不如。为君唤起黄州梦,独载扁舟向五湖。"收到双井茶与此诗后,苏轼亦作诗一首,答谢之余,对双井茶与黄庭坚的书法艺术都进行了由衷的赞美。此诗便是《鲁直以诗馈双井茶,次其韵为谢》:"江夏无双种奇茗,汝阴六一夸新书。磨成不敢付僮仆,自看雪汤生玑珠。列仙之儒瘠不腴,只有病渴同相如。明年我欲东南去,画舫何妨宿太湖。"

南宋著名女词人李清照与其夫赵明诚饮茶作押猜典籍的故事,几百年来被传为夫妻美谈。李清照在《金石录后序》中回忆当年与丈夫饭后猜典籍饮茶的故事:"余性偶强记,每饭罢,坐归来堂烹茶,指堆积书史,言某事在某书某卷第几页第几行,以中否角胜负,为饮茶先后。中,即举杯大笑,至茶倾覆怀中,反不得饮而起。"李清照18岁嫁金石学家赵明诚,夫妇志趣相投,品茗对诗,校勘古籍,考订文字,生活情致妙不可言,这段猜典籍饮茶的故事便是其美好生活的一段佳话。

至明代,明太祖朱元璋的废茶令改变了宋代后期的奢靡之风,开辟了茶文化史上新的契机,散茶不断推陈出新,六大茶类在此期间基本形成。而明朝茶文化的发展,或亦得益于朱元璋第十七子宁王朱权,其所著《茶谱》是中国茶文化研究史上一部重要学术专著。《茶谱》中所描述品饮的茶人均为"鸾俦鹤侣,骚人墨客",在"或会于泉石之间,或处于松竹之下,或对皓月清风,或坐明窗净牖"的环境下,进行"探虚玄而参造化,清心神而出尘表"的清谈。如此超凡脱俗的氛围下,山林清幽,泉水清冷,茶水清淡,论道清雅,在宁静与淡泊中,呈现出高贵的格调。

明代时出现了对茶会中饮茶人的品质、人数有所要求的记载。张源《茶录》中提到:"独饮曰神,二客曰胜,三四曰趣,五六曰泛,七八曰施。"许次纾的《茶疏》中对此亦有相关记述:"宾朋杂沓,止堪交错觥筹。乍会泛交,仅须常品酬酢。惟素心同调,彼此畅适,清言雄辩,脱略形骸,始可呼童篝火,汲水点汤。量客多少,为役之繁简。三人以下,止爇一炉,如五六人,便当两鼎炉,用一童,汤方调适。若还兼作,恐有参差。客若众多,姑且罢火,不妨中茶投果,出自内局。"对不同的情形采用不同的招待方式,这也体现了明代人在人际交往之中恰如其分的生活艺术。

至清代,多位皇帝喜茶,最为有名的康熙、乾隆两位皇帝都对茶情有独钟,而皇室也常组织茶宴,品茗联诗。清人徐珂在《清稗类钞》中记载:"乾隆中,元旦后三日,钦点王大臣之能诗者,曲宴于重华宫,演剧赐茶,仿柏梁制,皆命联句,以纪其盛。复当席御制工章,命诸臣和之。后遂以为常礼。"但此茶宴隆重而热闹,与几茶友相聚,静谧中品茗论道,体悟茶味人生又有所不同。

清代文人秉承了中国文人的基本特性,追求清净自然,茶自然成为生活中必不可少的一部分,与好友品茗论道亦成为生活重要内容。画家郑板桥曾有一首诗《小园》,描述了友人来访,主人备茶待客,深谈直到次日黎明的状态:"月光清峭射楼台,浅夜篱门尚半开。树里灯行知客到,竹间烟起唤茶来。数声犬吠秋星落,几阵风传远笛哀。坐久谈深天渐署,红霞冷落满苍苔。"另外,他在一首题画诗中也表达了相似的生活情趣:"茅屋一间,新篁数竿,雪白纸窗,微浸绿色。此时独坐

第三章　喝一口好茶——惟凭心自觉

其中，一盏雨前茶，一方端砚石，一张宣州纸，几笔折枝花，朋友来至，风声竹响，愈喧愈静。家僮扫地，侍女焚香，往来竹阴中，清光映于画，绝可怜爱。"

"蓬生麻中，不扶而直，白沙在涅，与之俱黑。"中国文人善于选择具有超凡脱俗与高尚情操的茶友，有意识地将品茶作为一种修身养性、寄托感情、精行俭德的行为方式去把玩、享受和创造，从而使得中国的饮茶生活艺术化。而其他各类艺术也在此过程中与品茗相结合，形成了相生相长的良性关系，从而使中国艺术史、文学史的足迹中处处可见茶与茶友的身影。

21世纪初期的中国社会，经济建设成果卓著，物质生活相对富足，而整个社会的生活节奏与以往相比显得忙碌了许多。在今天忙碌而纷繁的工作和生活中，如若能够有二三好友，忙里偷闲给自己一片静谧空间，品茶聊人生，在纷杂中保留一份干净简单的情致，或许也会有几分"大隐隐于市"的妙趣吧。

第四节　惟凭心自觉

品茶是一项孤独的"行为艺术"。不管在什么样的环境下、和什么样的茶友一起、对茶叶的知识了解有多少，最终对于喝茶的直观感受以及是否能在喝茶中得到享受则是自我的过程，这也是喝茶的魅力所在。

茶 与 健 康

一、兴趣是最好的导师

与茶结缘,有些人可能是因为家里有人爱喝茶,有些人可能是为了消解学习产生的困乏,有些人可能是受到朋友或者同学的影响,有些人可能更多是为了解渴。喝茶可以解渴、解乏,而喜爱喝茶的人则更多是对于茶叶所具有的独特滋味情有独钟。品茶更多是对味觉和嗅觉的考验,要靠"尝"与"闻"来评判和体会茶的性味,色泽、形态则居于相对辅助的地位。茶叶的种类很多,相同类型的茶叶其品质也是千变万化,如果将这些差异当作知识来消化吸收,无疑是一件很"苦"的事情,然而如果是兴趣所在,以一种"把玩"的心态珍惜地对待自己所能品尝到的好茶,则品茶真是人生的一大乐事了。

今人品茶总结了一些经验,如:审评茶的滋味先要区别是否纯正,纯正的滋味可区别其浓淡、强弱、鲜、爽、醇、和,而不纯的茶也可区别其苦、涩、粗、异。这些表述可以帮助我们和朋友简单地交流对茶叶的感觉。而我们看到古人诗词中对茶叶滋味的直接描写并不多,而更多地表达环境、方式和感受,"茶味"则尽在不言中了。

二、体会放松的状态

品茶体现了一种轻松、自在的生活方式。对茶的滋味的精确把握,也是在轻松的状态下实现的,凭借的是个人当下味觉的灵敏度。大体上说,越是放松,对茶的滋味的把握也就越好;反过来,喝茶也就

第三章 喝一口好茶——惟凭心自觉

成了反省自己生活状态的良好参照。这大概也是古人对品茶乐此不疲的一个重要原因吧。

三、凝神专注

与茶友相聚品茗,听琴、读画、闲谈、吃茶点或许都是有的。然而我们总要留出一刹那,凝神专注地品味茶汤,将当下的感觉刻入脑海中,方才不算辜负好茶。真实地做到这一点并不容易,喜爱喝茶的人应该在这一方面多多留心。对于所喝之茶凝神把玩之后,倒是不妨继续和茶友们轻松自在地做一些交流。

茶叶的灵敏度高,品质千变万化,喝茶人自然也需要有着敏锐的直觉,超然的心境以及轻松自在的生活状态,才能将品茶这一生活内容进行得高雅有趣。茶艺生活应该是一种自觉的生活,自我反省的生活,借用传统文化的说法,饮茶"惟在自觉"(见图 3.15)。

图 3.15 "惟在自觉"印章

第四章　茶的分类与功效

第一节　茶叶的分类

　　茶,从神农氏开始,经历了魏晋南北朝的初步发展,唐代的繁荣飞跃,宋代的精致炽盛,明清的变革传播,从巴蜀地区散播到长江流域、沿海各地,又传入朝鲜、日本以及东南亚诸国,后又传入欧洲、美洲及非洲。在不同的历史阶段,不同的地域空间,有着不同的气候环境、茶树品种、制茶工艺,由此而形成的茶类也便纷繁复杂了。

　　茶根据出产国或地域可分为中国茶、印度茶、锡兰茶、爪哇茶等。中国茶又可根据茶叶产地分为川茶、闽茶、滇茶、徽茶、浙茶等。根据采摘季节可分为春茶、夏茶、秋茶、冬茶等。根据生长环境的地势高低可分为高山茶、丘陵茶、平地茶等。根据制作方法可分为完全发酵茶（如红茶）、半发酵茶（如乌龙茶）、不发酵茶（绿茶）等。而在每一个茶类中,还包含丰富多彩的茶种,红茶中有祁红、滇红、闽红等,乌龙茶中有冻顶乌龙、大红袍、铁观音等,绿茶中有黄山毛峰、太平猴魁、西湖龙井、洞庭碧螺春等。根据威廉·乌克斯的《茶叶全书》记载,20世纪初中国的茶商将成茶分为:红茶、绿茶、金茶(黄茶)、红砖茶、绿砖茶,每一类又分为粗、细、陈、新,共成20类,再各分为上货、次货而成40种;而根据出产地与省名茶叶又有200余种,如此,当时的茶叶便可分为8000多个等级①。

在纷繁复杂的茶叶分类中,陈椽教授②在1979年撰写的《茶叶分类的理论与实践》③一文中提出了"六大茶类分类系统",在茶叶学术研究界获得较广泛的认同和应用。"六大茶类分类系统"是根据茶叶制法与品质的系统性,以茶多酚④氧化程度为序将茶叶分为绿茶、红茶、青茶(乌龙茶)、黄茶、黑茶、白茶等六大类。本节将基于此六大茶类对茶类进行基本介绍,不涉及以六大茶类茶叶做原料,进行再加工之后形成的再加工茶,如花茶、紧压茶、萃取茶、茶饮料等。

一、绿茶

绿茶,又称不发酵茶,是明代以前的基本茶类之一(见图4.1)。茶叶最开始是用鲜叶煮作羹饮,晚唐诗人皮日休在《茶中杂咏》诗序中

---

① 威廉·乌克斯.茶叶全书[M].侬佳,刘涛,姜海蒂,译.北京:东方出版社,2011:314.
② 陈椽(1908~1999年),福建省惠安县人,茶学家、茶业教育家、制茶专家,安徽农业大学教授,我国近代高等茶学教育的创始人之一。其毕生贡献于茶学教育事业,培养了大批茶学人才,著有《茶业通史》《茶树栽培学》《茶业制造学与制茶管理》《制茶学》《茶叶分类的理论与实践》《中国名茶选集》等多部茶学经典论著。
③ 陈椽.茶叶分类的理论与实践[J].茶叶通报,1979:1-2.
④ 茶多酚,又称茶单宁,茶叶主要化学成分之一,具有多重保健功能,是形成茶叶色香味主要成分之一。

说:"自周以降及于国朝茶事,竟陵子陆季疵言之详矣。然季疵以前称茗饮者,必浑以烹之,与夫瀹蔬而啜者无异也。"后来制茶工艺缓慢改进,到三国魏晋时期出现茶饼,据三国时期张揖的《广雅》记载:"荆巴间采叶作饼,叶老者,饼成以米膏出之。"到了唐代,茶叶根据老嫩、外形的整碎等出现了多种形态,"饮有粗茶、散茶、末茶、饼茶者",而作

图 4.1　成品绿茶

为主要形态的饼茶,其制造技艺也得到了很大的提高,《茶经·三之造》中的记载如下:"晴,采之,蒸之,捣之,拍之,焙之,穿之,封之,茶之干矣",可见当时蒸青法已经成为绿茶制作的主要方法。与此同时,炒青法也开始萌芽,刘禹锡的《西山兰若试茶歌》中有"斯须炒成满室香,便酌沏下金沙水。骤雨松风入鼎来,白云满盏花徘徊。悠扬喷鼻宿酲散,清峭彻骨烦襟开"之句,将炒青法制成的茶叶之香,描绘得浓郁又

---

① 国朝:唐朝;竟陵子陆季疵:茶圣陆羽;瀹蔬:以汤煮蔬菜。
② 见陆羽《茶经·六之饮》。

第四章 茶的分类与功效

缥缈,然而,炒青法并未在唐宋两代成为主流,直到明代才能得到新的提高并广泛流行。宋代的制茶技术,基本上并未超越唐代蒸青制法的范畴,而是在其基础上更为精巧细致,做工要求更为讲究,茶面纹饰更为精致。宋徽宗年间,蒸青叶茶开始逐渐取代蒸青饼茶,到了元代便很少再有蒸青饼茶的记载,而蒸青叶茶得到长足的发展。

到了明代,许多史料开始记述炒青法绿茶的制造,例如张源的《茶录》、许次纾的《茶疏》与罗廪的《茶解》对当时的制茶技术与过程都有较为具体的描述。明代炒青法的发展,是我国制茶技术史上又一次重大变化,使茶叶的色香味得以更为全面地发挥。例如,《茶疏》中有如下的记载:"生茶初摘,香气未透,必借火力以发其香。然性不耐劳,炒不宜久。多取入铛,则手力不匀,久于铛中,过熟而香散矣。甚且枯焦,不尚堪烹点。炒茶之器,最嫌新铁。铁腥一入,不复有香。大忌脂腻,害甚于铁,须预取一铛,专用炊饮,无得别作他用。炒茶之薪,仅可树枝,不用干叶……"可见,在明代时,炒青法绿茶的制造过程已经相对成熟,为了使茶叶保其真味与醇香,对茶叶的量、翻炒时间、炒茶器具、炒茶用柴、炒茶火候等细节,已经有了比较精密与细致的描述。

明代以来,随着制茶技术的进一步发展,保存茶叶色香味的加工方式呈现多样化趋势,出现了不发酵、半发酵、完全发酵一系列因发酵程度不同而引起茶叶内含物质有所不同的绿茶、乌龙茶、红茶等多种品质特征的茶类。

目前,绿茶是中国最主要的茶类,产量位居六大茶类之首,据统计,2005年我国茶叶总产量为93.4万吨,其中绿茶的产量为63万吨,占总产量的 67.5%[①]。与此同时,我国的绿茶产区也极为广泛,山东、江苏、安徽、河南、浙江、福建、江西、广东、湖南、湖北、广西、贵州、四川等省份都有绿茶产出,其中,又以浙江、安徽、江西三省的产量最高。

到近现代,绿茶制造工艺已经相对成熟和稳定,其加工工序主要有:杀青、揉捻、干燥。而根据杀青和干燥的方法不同,绿茶又被分为蒸青绿茶、炒青绿茶、烘青绿茶和晒青绿茶。蒸青绿茶最早出现于唐代,其主要制作工序为蒸汽杀青,揉捻,烘干。湖北的施恩玉露茶、江苏宜兴的阳羡茶、日本的玉露茶与抹茶,均为蒸青绿茶。炒青绿茶是绿茶制作的最主要方式,其基本工艺为炒制杀青,揉捻,炒干。许多绿茶中的名茶均为炒青绿茶,如龙井、碧螺春等。烘青绿茶常用作窨制花茶的花胚,其主要制作程序为烘制杀青,揉捻造型,烘干,有闽烘青、浙烘青、徽烘青、苏烘青等。晒青绿茶多用于制作紧压茶,其主要制作流程为日晒杀青,揉捻,晒干,有滇青、川青、陕青等。

通过高温杀青,鲜茶叶中氧化酶的活性得以钝化,从而抑制茶叶中多酚类物质的酶促氧化,使茶叶的真香得以保存,同时茶叶中的水分部分蒸发,茶叶变软而易于下一步的揉捻成型,茶叶的品质也在这一工序中基本形成。揉捻的作用主要是改变和确定茶叶的形状,不同的茶叶,揉捻的力度、速度、压力、外形也均不同。最后一步便是把揉捻好的茶叶进行干燥,达到一定的干燥度,并固定外形,便于保存品质。

---

① 杨亚军.评茶员培训教材[M].北京:金盾出版社,2011:10.

由于制作工艺,绿茶中较多地保留了鲜叶中的天然物质,例如茶多酚、咖啡碱、叶绿素、维生素等,从而使绿茶具有叶绿、汤清、香清雅、味鲜爽等基本特性(见图4.2)。

图 4.2　玻璃杯所泡绿茶

而当今绿茶中比较知名的有西湖龙井、洞庭碧螺春、黄山毛峰、蒙顶甘露、六安瓜片、太平猴魁、庐山云雾、信阳毛尖、南京雨花茶、敬亭绿雪、宜兴阳羡茶等。品茶品其性味,这些名茶之外更有许多好茶等待着喝茶人自己去寻找。

二、红茶

红茶是完全发酵茶,是流行于当今世界的主要茶类,受到世界许多民族的钟爱(见图4.3)。

相传,最早的红茶是产于福建省崇安县星村镇的小种红茶,但据现在的史料,红茶最初的起源与制作工艺都无从考究了。17世纪,西方进入了大航海时代,红茶也随之从中国传入欧洲并迅速风靡,成为欧洲贵族追捧的珍品。《清代通史》有如下记载:"明末崇祯十三年(1640年),红茶(工夫茶、小种茶、白毫等)始由荷兰转至英伦。"工夫红茶、小种茶、白毫都是武夷红茶的品种,这项史料表明在明崇祯年代时,武夷红茶已经远销英国。1662年,嗜好饮茶的葡萄牙凯瑟琳公主嫁给英国国王查理二世,她把红茶和茶具作为嫁妆带到英国王室,并在婚后推行以茶代酒的生活方式,引导了欧洲王室贵族品饮红茶的风尚。

图4.3 汤红味醇红茶美

威廉·乌克斯的《茶叶全书》中有这样的记载:"1705年,爱丁堡金匠刊登广告,绿茶每磅售十六先令,红茶三十先令。"可见,18世纪初红茶已经进入欧洲市场,然而在红茶的原产国中国,却很少发现当时记载红茶的史料文献。到了19世纪,方有湖南、湖北、江西等县的县志上有所记载。湖南《巴陵县志》载:"道光二十三年(1843年)与外洋通商后,广人每挟重金来制红茶,土人颇享其利。日晒者色微红,故名红茶。"湖北《崇阳县志》亦载:"道光季年(约1850年),粤商买茶。其制,

第四章 茶的分类与功效

采细叶暴日中揉之,不用火炒,雨天用炭烘干……往外洋卖之,名红茶。"①随着制茶工艺不断改变,最初的小种红茶逐渐演变而产生了工夫红茶。红茶的种植与生产也逐渐从福建扩展到江西、安徽、湖北等地。

19世纪后半期,清王朝摇摇欲坠,英国通过战争从荷兰人手中夺得与中国的贸易权,开始大宗进口中国的茶叶、丝绸、瓷器等,后又向中国输入鸦片以取得贸易平衡,最终致使鸦片战争爆发。19世纪20年代,罗伯特·布鲁斯在印度的阿萨姆地区发现了野生茶树,从而出现阿萨姆红茶,但其品质与产量均不可与中国红茶同日而语,中国仍是世界第一大红茶的生产和供应国。19世纪40年代,罗伯特·福钧受东印度公司派遣,潜入福建武夷茶区,了解优质红茶生长的气候、土壤,以及种茶制茶的知识与技术,并偷偷带走大量优质的茶种与茶树苗,同时也带走了8名种茶与制茶工人到印度的喜马拉雅山南麓地区。之后,印度茶叶的种植面积迅速扩大,产量急剧上升,几十年后,印度的阿萨姆红茶、大吉岭红茶以及斯里兰卡的高地红茶逐渐成为世界红茶的主流。而中国红茶则因战乱、社会动荡、国势渐衰等原因逐渐衰落,甚至到无人生产、濒临绝迹的境地,直到改革开放之后才逐渐恢复生产,并开始走向世界。

目前,世界上最为知名的红茶有:中国祁门红茶、印度阿萨姆红茶、印度大吉岭茶、斯里兰卡高地红茶。而中国除了安徽的祁门红茶之外,还有云南的滇红,福建的闽红,湖北的宜红,四川的川红,湖南的

---

① 吴觉农.茶经述评[M].北京:中国农业出版社,2011.

越红,以及安徽霍山的霍红,广东的英德红茶等品种。

据中国茶叶流通协会的统计,2010年中国茶叶产量为141.3万吨,红茶产量为9万吨,占6.4%;茶叶出口总量为30.24万吨,红茶出口量为3.66万吨,占12%。同时,随着红茶文化的推广,其独特的保健功能逐渐为大众所知,作为时尚与品位的象征,红茶在国内得到越来越多人士的垂青。

在生产上,红茶的发源地福建在总量上占据绝对优势,据统计,2010年福建红茶的产量为4万吨,占全国总产量的44%;云南滇红居其次,产量为2万吨左右,占全国总量的22%;湖北宜红为1.54万吨,占全国总量的17%;而世界四大知名红茶之一的安徽祁红,其产量只有4000吨;信阳红作为新兴红茶,其产量亦达到500吨。

红茶的鲜叶原料与绿茶基本相同,其主要加工工艺为萎凋、揉捻或揉切、发酵、干燥4程序。萎凋使茶叶的水分减少而枯萎便于揉捻成型,同时引起茶叶内含物质的化学变化,为形成红茶色香味的发酵过程奠定基础;揉捻破坏茶叶细胞组织,加速茶叶中多酚类的氧化,同时缩小茶叶体形,为成品茶定型;发酵是形成红茶色、香、味的关键性工序,减少茶叶中的多酚类,产生茶黄素、茶红素等成分,以及醇类、醛类、酯类等芳香物质;干燥是最后一道决定茶叶品质的工序,一般采用烘干的方式。

根据加工方法以及茶形,红茶(见图4.4)又分为小种红茶、工夫红茶、红碎茶。

小种红茶是红茶历史上最早的茶类,因干燥时采用松柴明火烘干,而带有松烟香味。其外形较松,色泽黑而枯,汤色红褐,滋味醇厚,有桂圆香。小红种茶又分为正山小种、外山小种。正山小种主要产于福建崇安县星村镇桐木关,其形粗壮紧致,色泽褐红,内质有松烟香,品味甘甜醇厚,汤色红亮,叶底红褐色。外山小种产于武夷山以外的坦洋、政和、屏南等地,仿照正山品种的小种红茶。

图 4.4 成品红茶

工夫红茶是细紧条形红茶,色泽乌黑,是我国特有的红茶品种,品类诸多,产地亦广,著名的有安徽的祁红、云南的滇红、广东的英红、福建的闽红、江西的宁红、湖北的宜红等。工夫红茶原叶细嫩,具有外形细嫩紧致,色泽乌润,香气浓郁高长,滋味醇厚,汤色红艳明亮,叶底软嫩润红等品质特征。

红碎茶是在加工时经揉切而制成的颗粒型红茶,是国际市场的主产品,为"袋装茶"的主要原料。根据外形形状,红碎茶又分为叶茶、碎茶、片茶和末茶。叶茶外形为条状,色泽乌润,有金毫,内质香气馥郁,滋味醇厚;碎茶外形呈颗粒状,重厚齐匀,色泽乌润,汤色红艳;片茶外形呈皱折状,色泽乌褐,香气尚醇,叶底红匀;末茶外形呈砂粒状,色泽乌黑或灰褐。优质的红碎茶色泽乌润,红而不枯,汤色红艳,香味鲜浓,滋味浓强,叶底红匀。

红茶的品饮,根据不同的品种、不同民族的习惯,乃至个人习惯的不同而有所不同。国内大多数人习惯于不加调料的清饮,温杯后,将适量红茶投入白瓷杯或紫砂壶中,冲入沸水,然后闻其香、观其色而品其味。

红茶问世之初,便引起欧洲王室贵族的追捧,从而引导了以"下午茶"为基点的生活理念与生活方式。直到三百多年之后的今日,红茶依然受到许多时尚风雅人士的钟爱。一杯红茶当前,看透彻红亮之茶汤,闻纯厚清澈之茶香,品鲜醇甘润之茶味,不亦乐乎。

三、乌龙茶

乌龙茶为半发酵茶类,因其色泽青褐,又称青茶。典型的乌龙茶冲泡后叶片上有绿有红,一般中间呈绿色,边缘呈红色,故有"绿叶红镶边"之美誉。

乌龙茶发源于福建武夷茶区,陈宗懋主编的《中国茶经》[①]记载:"闽南是乌龙茶的发源地,由此传向闽北、广东和台湾。"陈椽教授在《茶业通史》[②]中也提到:"安溪劳动人民在清雍正年间(1723～1735年)创制的青茶首先传入闽北,然后传入台湾。"现阶段,乌龙茶主要产于我国福建、广东、台湾三省,近年四川、湖南也有少量生产。

与红茶相同,乌龙茶具体的起源已不可考,最早出现于《安溪县

---

① 陈宗懋.中国茶经[M].上海:上海文化出版社,1992.
② 陈椽.茶业通史[M].北京:中国农业出版社,2008.

志》的记载:"安溪人于清雍正三年(1725年)首先发明乌龙茶做法,以后传入闽北和台湾。"相传,乌龙茶由宋代贡茶龙团凤饼逐步演变而来,明洪武初年(1368年)朱元璋认为龙凤团茶太过精致奢华而下诏罢造,后来其制法有所改革,从而形成清代的乌龙茶。关于乌龙茶的起源,《福建茶叶民间传说》[①]还记载了一个故事,清雍正年间,安溪县有一茶农姓苏名龙,绰号"乌龙",一日上山采茶,因追赶一只猎物而忘记了制茶,次日炒制时发现放置一夜的鲜茶叶镶嵌了红边,清香阵阵,茶叶制好后更有一种奇异之香。后经改良工艺,成为了如今的乌龙茶。

清代陆延灿在《续茶经》中对武夷茶的制法有如下的记载:"茶采后以竹筐匀铺,架于风日中,名曰晒青,俟其色青渐收,然后再加炒焙。阳羡齐片祗蒸不炒;火焙以成。松萝龙井皆炒而不焙,故其色纯。独武夷炒焙兼施,烹出之时,半青半红,青者乃炒色,红者乃焙色也。"其制茶法与今日的乌龙茶制法如出一辙。自问世之后,乌龙茶便迅速传播到我国台湾、广东等地,并在亚洲,尤其是东南亚一带受到追捧与提倡。

乌龙茶的制作工艺极为精细并别具一格,主要有萎凋、做青、炒青、揉捻、干燥。萎凋与做青是其中最为关键的程序。做青主要通过晒青、摇青、晾青三个步骤完成:晒青主要是蒸发适度水分,促进酶活性,为摇青创造必要条件;摇青使茶叶边缘细胞得以破坏,轻度氧化而呈现红色,同时促使水分与水溶性物质在叶片内积累,从而有助于香

---

① 陈斯福,陈金水.福建茶叶民间传说[M].北京:新华出版社,1993.

气滋味的积累；晾青是摇青后茶叶的摊晾过程，通过水分汽化改变叶内物质，从而使茶叶青草味逐渐消失，鲜爽的花香味逐渐形成[①]。炒青主要为固定做青形成的品质，抑制酶的过度氧化，同时使叶片变软而易于揉捻。与绿茶、红茶相同，揉捻是乌龙茶成形的重要工序。最后一步为干燥，乌龙茶多采用烘焙的方式干燥，并分为初焙、复焙两次进行，从而使茶叶内水溶性物质相对稳定，且易于保存。

乌龙茶的主要产区有福建南部、福建北部、广东、台湾4个地区，而不同产地的乌龙茶又具有不同的香味与特色，由此乌龙茶又被分为4大类：闽南乌龙、闽北乌龙、广东乌龙与台湾乌龙。

闽南乌龙主要有铁观音、奇兰、水仙、黄金桂等，最为知名的无疑便是铁观音了。铁观音产于福建安溪县，故称安溪铁观音，创制于清乾隆年间，为历史名茶。安溪县年降水量较多，空气湿度较大，土壤为砖红性土壤和山地土壤。其茶条卷曲，肥壮圆结，重实匀整，色泽油亮沙绿；汤色金黄，清澈明亮，叶底肥厚，呈绸面光泽；兰香馥郁，滋味醇厚甘鲜，回味悠长，有"七泡有余香"之誉[②]。

闽北乌龙主要有武夷岩茶、大红袍、水仙、肉桂等，其中武夷岩茶最具代表性。武夷岩茶产于福建武夷山，武夷山气候温和，冬暖夏凉，常年云雾缭绕，土壤为砾土砂质。武夷岩茶外形粗壮，条索扭曲紧致、匀整；叶片呈蛙皮状，沙粒白点，俗称"蛤蟆背"；色泽青褐油润，有"宝光"；茶汤香气浓烈，似兰花而深沉持久；滋味浓醇清甜，虽浓饮却未有苦涩，被称为"岩骨花香"，又称"岩韵"；汤色深橙黄或金黄色，清澈艳

---

① 吴觉农.茶经述评[M].北京：中国农业出版社，2011：99.
② 冯廷佺."清香型"乌龙茶与"浓香型"乌龙茶之比较[R].中国茶叶产业论坛，2005.

丽,叶底浅黄绿色。

广东乌龙主要有凤凰单枞、凤凰水仙、岭头单枞等。广东乌龙的加工工艺源于福建武夷山,所以其特性与武夷岩茶较为相似。其中凤凰水仙产于广东省潮安县凤凰山,其山层峦叠嶂,峡谷纵横,岩泉汩汩,日照较长,空气湿度较大,黄红土壤深厚肥沃。其外形挺直肥硕,色泽黄褐滑润,有鳝鱼皮色感,具有天然花香并香高持久,滋味浓醇鲜爽,汤色清澈明亮,略微显黄,叶底鲜嫩,且带有红镶边。

台湾乌龙茶,在清朝时由福建传入台湾,有"东方美人茶"之雅称,主要品类有冻顶乌龙茶(见图4.5)、文山包种、木栅铁观音、白毫乌龙等,其中冻顶乌龙知名度最高、最为名贵。冻顶乌龙茶产于台湾南投县凤凰山支脉的冻顶山一带,日照充足,空气湿度大,云雾终年笼罩。冻顶乌龙有"茶中圣品"之誉,其外形呈半球形,条索紧致,色泽墨绿油润,香气清新怡人,茶汤黄绿明亮,滋味醇厚新鲜,叶底呈淡绿色。

图 4.5　冻顶乌龙的干茶、茶底、茶汤

乌龙茶的品饮,在福建及广东部分地区都极为考究,亦称为"工夫茶"。首先准备适宜的陶瓷茶具,然后温壶、温杯以提高茶的冲泡温度,随后将适量茶叶放入茶壶,并冲入开水,盖上茶盖,10秒钟之后将茶水倒入茶杯洗杯,意在洗茶同时温杯。再次将沸水冲入茶壶,用壶盖平刮壶口以刮去白沫,盖上壶盖,再用沸水淋浇壶身,静置1分钟后,用茶巾擦去壶身水渍,始分茶。品饮者需先闻香、观色之后,才细细品尝其清爽高香。

近几十年,乌龙茶中的安溪铁观音、冻顶乌龙茶、大红袍等均受到饮茶人越来越多的喜爱,尤其是在东南亚地区,许多侨民源于福建、广东一带,便更是推崇来自家乡的乌龙茶。另外,日本人似乎也对乌龙茶情有独钟,从20世纪70年代起便多次掀起乌龙茶热,进口量从最开始的几吨到几百吨几千吨,进入21世纪后,每年的进口量在万吨以上。在日本,乌龙茶被认为具有减肥、美容、健美等功效,所以又被称为"美容茶""健美茶"等。

四、黄茶

黄茶之名古来有之,但古之黄茶,原指依茶树自然特征茶芽色泽淡黄之茶,实为今之绿茶。唐代时,寿州霍山黄芽曾被列为贡品名茶。宋代苏辙在《论蜀茶无害》中曾提到黄茶:"圆户例收晚茶,谓之秋老黄茶"。明代茶人许次纾在《茶疏》中记载将绿茶做黄的过程:"天下名山,必产灵草。江南地暖,故独宜茶。大江以北,则称六安,然六安乃其郡名,其实产霍山县之大蜀山也。茶生最多,名品亦振。河南、山陕人皆用之。南方谓其能消垢腻,去积滞,亦共宝爱。顾彼山中不善制造,就于食铛大薪炒焙,未及出釜,业已焦枯,讵堪用哉。兼以竹造巨筒,乘热便贮,虽有绿枝紫笋,辄就萎黄,仅供下食,奚堪品斗。"然古人

第四章　茶的分类与功效

虽称黄茶之名,却非今日由"闷黄"工序而制作之黄茶。

在明代之前,只有绿茶这一基本茶类,制茶人在无意中发现,如果绿茶杀青、揉捻后干燥不足或不及时,叶色即会变黄,从而产生色香味不同于绿茶的茶类。后经反复试验、不断改进,便产生了今日之黄叶黄汤、栗香味厚的黄茶。

其制造工艺相似于绿茶,但多"闷黄"工序,主要有:杀青、揉捻、闷黄、干燥。杀青和揉捻的做法、功效与绿茶相同,杀青破坏酶的活性,蒸发部分水分,并去除青草味,揉捻主要为造型。闷黄是形成黄茶叶黄汤黄,以及其独特色香味的关键工序,茶叶在湿热的环境下进行相应的化学变化,使叶片呈黄色。黄茶的干燥一般分多次进行,其温度也比其他茶类偏低。

黄茶主要产于我国安徽、四川、湖南、湖北、浙江等地。根据新鲜茶叶的嫩度,黄茶又被分为黄芽茶、黄小茶与黄大茶,以单芽或一芽一叶制成的黄茶称黄芽茶,如湖南岳阳洞庭湖的君山银针、四川蒙山的蒙顶黄芽、安徽霍山的霍山黄芽等;以细嫩茶叶如一芽二叶或一芽三叶而制成的黄茶称黄小茶,如湖南岳阳的北港毛尖、宁乡的沩山毛尖、湖北远安的远安鹿苑、安徽西部的皖西黄小茶、浙江平阳的平阳黄汤等;由更为粗壮的茶叶,如一芽四叶、五叶而制成的黄茶称为黄大茶,如安徽霍山的霍山黄大茶,广东韶关、湛江等地的广东大叶青等。

黄茶为轻微发酵茶,具有黄汤黄叶、香清味纯等品质特征,但不同品类的黄茶,其形态、色泽、香气、茶汤、叶底也会略有不同。黄芽茶细嫩,显毫,色泽嫩绿,香气清馨,滋味鲜醇,汤色黄绿明亮清澈,叶底嫩黄。黄小茶外形纤秀细紧,色泽黄绿,汤色杏黄鲜亮,香气细嫩持久,滋味甘醇鲜爽,叶底嫩黄匀细。黄大茶的外形则比较粗壮,叶大梗长,色泽金黄偏褐,汤色深黄显褐,有高古焦香,滋味浓厚,叶底呈黄显褐。黄茶的老嫩相差较大,嫩者如芽茶极为名贵,可谓千金难求;老者如大茶,叶大梗粗,但因其香味特殊,亦受到许多饮茶人的青睐。

  黄茶中知名度较高的有君山银针、蒙顶黄芽、霍山黄芽等。君山银针产于湖南省岳阳县洞庭湖的君山,因形细似针,故称君山银针。君山为洞庭湖上一岛屿,气候温和,降水量较足,多云雾弥漫,空气湿度较大,土壤多为肥沃沙土。其茶芽头肥壮,紧实挺直,芽身呈金黄色,并布满白毫,汤色呈杏黄色,香气清鲜纯,叶底嫩黄明亮。蒙顶黄芽产于四川省蒙顶山山区,此茶区终年烟雨蒙蒙,云雾笼罩,土壤肥沃,极为适合优质茶的生长。蒙顶黄芽外形扁且直,芽形匀整,色泽嫩黄伴有白毫,汤色黄亮透彻,香气浓郁,滋味甘醇,叶底整芽嫩黄滋润。霍山黄芽产于安徽省西部大别山区的霍山县,茶区山林密布,气候温暖湿润,光照充足,云雾日较多,雨水充沛,土质肥沃,生态条件良好,比较适宜茶树生长。霍山黄芽在唐代时已为贡茶,其形似雀舌,嫩绿有毫,香气清凉持久,汤色黄绿清澈,滋味鲜醇浓厚,叶底嫩黄润泽。

  黄茶的冲泡与绿茶一致,一般用玻璃杯、盖碗或是瓷壶冲泡,拿君山银针为例,当开水冲入玻璃杯后,可见粒粒茶芽如松针一般在杯中上下舞动,缓缓舒展,而后沉入杯底,而杯底之形又如春笋破竹,碧翠堆积,妙不可言。

五、黑茶

关于黑茶的文字记载,见于明嘉靖三年(1524年)御史陈讲的奏疏中:"以商茶低伪,征悉黑茶。地产有限,仍第为上中二品,印烙篦上,书商名而考之。每十斤蒸晒一篦,运至茶司,官商对分,官茶易马,商茶给卖"(《甘肃通志》)。黑茶的起源与唐宋时期的"茶马互市"有着极为密切的联系,唐封演所撰的《封氏闻见录》中曾有"往年回鹘入朝,大驱名马市茶而归"的记载。当时,茶叶从茶马交易的集散地四川雅安或陕西汉中,由马驮至西藏等边陲地区,需要两三个月的时间,期间茶叶经历风吹雨淋阳光照射,如此干湿交互的过程使茶叶在微生物的作用下有了一定程度的发酵,而不同于起运时的品质,因色黑而名黑茶,故有"黑茶形成于马背上"之说。关于黑茶的发源地,一说源自四川,一说源自湖南安化,尚无定论。

从形状而言,黑茶可分为散茶与紧压茶两类,散茶有天尖、贡尖、生尖、六堡茶等品类,由初制工艺而制成;紧压茶有茯砖、黑砖、花砖、青砖、沱茶、七子饼茶等品类,由初制工艺形成的黑毛茶再经压制工艺而制成。

黑茶的初制主要有杀青、揉捻、渥堆(见图4.6)、干燥等工序。黑茶原叶一般较为粗老,较硬,含水量低,所以一般杀青前会对原叶进行适量的洒水处理。杀青后原叶色从青绿变为暗绿,青草气基本消失,有特殊清香,叶片较为柔软,稍有黏性。揉捻主要为破坏茶叶细胞组织,同时使叶片初步成条状。渥堆是黑茶制作的特有工序,也是最为关键的工序。一般在清洁、无异味、无日光直射的室内,温度需25 ℃

以上,湿度85%左右,将揉捻好的茶叶堆放于竹篾垫上,然后盖上湿布,让茶叶在保温保湿的条件下进行相应的化学反应,12个小时左右之后便可完成渥堆过程,茶叶色由暗绿色进一步变为黄褐色,青草气进一步消除,形成黑茶特有的色香味。黑茶的干燥多用松柴明火烘焙,故黑茶多有松烟香味。

图 4.6　黑茶渥堆

如今,黑茶主要产于湖南、湖北、四川、云南、广西等省(自治区),故又有湖南黑茶(见图 4.7)、湖北老青茶、四川边茶与滇贵黑茶之分。湖南黑茶为黑茶中的代表,主要发源于湖南安化,始于苞芷园,后沿资江往上游发展而至全县,主要的产品有天尖、贡尖、生尖、黑砖、茯砖、花砖、花卷等,其外形宽大厚实,色泽油黑,汤色橙黄,叶底黄褐,香味厚醇,有独特松烟香。湖北老青茶主要产于湖北咸宁地区,又称青砖茶,呈砖形,形态端正,整齐光滑,老青茶内质要求香气醇正,汤色橙黄明亮,滋味醇和,叶底暗褐粗老。四川边茶的生产历史悠久,产品有专销康藏的"南路边茶"和专销川西北松潘、理县等地的"西路边茶"两大类。四川边茶的主要品质特征为:色泽棕褐,香气纯正,汤色红亮,滋味醇和,叶底暗褐。广西黑茶以广西六堡茶为代表,此茶因产于广西苍梧县六堡乡而得名,其色泽黑润,汤色红浓,香气醇沉,有松烟香和特殊槟榔味,滋味甘醇,叶底呈古铜褐色。

图 4:7　湖南黑茶

关于云南黑茶,一般认为是指云南大叶晒青茶经发酵制成的散茶和紧压茶,尤其指普洱茶。近年,随着普洱茶在港澳台以及欧洲、日本、东南亚等地区和国家的流行,有部分人士开始根据制作工艺与品质特征对普洱茶归属于黑茶提出质疑,并提出普洱茶应为特殊再加工茶类。黑茶一般经杀青、揉捻、渥堆、干燥 4 个工序而制成,而普洱茶有生茶、熟茶之分,生茶的制作工序中并没有渥堆发酵处理,而是自然方式陈放,其茶性较烈,茶味苦而涩,汤色较浅,呈黄绿色。而熟茶是以晒青毛茶为原料,经潮水渥堆而成,其渥堆工序在晒青茶的干燥工序之后。另外黑茶的基本品质特征为:"外形条索卷折,色泽乌黑油润,滋味醇厚,香气持久,汤色橙黄(见图 4.8),叶底黄褐"[①],而普洱茶

---

① 江用文,童启庆.茶艺师培训教材[M].北京:金盾出版社,2011:118.

的基本品质特征为:"外形条索肥硕,色泽褐红,呈猪肝色或带灰白色;内质汤色红浓明亮,香气独特陈香,滋味醇厚回甘,叶底褐红色。"①(见图4.9),与黑茶的品质特征有明显区别。然而,人们普遍将普洱茶归属于黑茶品类。

图4.8　黑茶茶汤　　　　　图4.9　普洱茶茶汤与茶底

普洱茶经长期存放,使茶叶中的多酚类物质不断氧化,形成"陈香"的品质风格,另外,因其茶叶比较粗壮,一般存放时间较久,泡茶水温在接近100℃时,茶的陈香之味才能充分冲泡出来,如若条件允许,亦可煮茶品饮。

六、白茶

在《大观茶论》中,宋徽宗赵佶曾用一节专论白茶(见图4.10),给予了极高的评价:"白茶自为一种,与常茶不同。其条敷阐,其叶莹薄,崖林之间,偶然生出,虽非人力所可致,有者不过四五家,生

---

① 江用文,童启庆.茶艺师培训教材[M].北京:金盾出版社,2011:226.

者不过一二株,所造止于二三胯而已。芽英不多,尤难蒸焙,汤火一失则已变而为常品。须制造精微,运度得宜,则表里昭彻,如玉之在璞,它无与伦也。浅焙亦有之,但品不及。"①然此白茶是经过蒸、焙等工序而成,并不同于今日通过萎凋、烘焙两道工序而制成的白茶。

图 4.10 白茶

关于白茶的起源,茶学界有不同的说法,有清代说、明代说、宋代说、唐代说以及远古说等五种。茶学专家张天福将清嘉庆初年(1796年)初创银针作为白茶起源的标志。明代说的依据是田艺蘅 1554 年写的《煮泉小品》中对白茶制法的记载与当代白毫银针的制法大致相同。宋代说则根据《大观茶论》和《东溪试茶录》中对白茶的极力推崇。唐代说则是根据陆羽《茶经》中有"永嘉县东三百里有茶山"之记载,而陈椽教授在《茶叶通史》中则认为永嘉东三百里是海,应为永嘉南三百

---

① 陆羽,等.茶经[M].卡卡,译.北京:中国纺织出版社,2006:69.

里,此地正为当今福建省福鼎县,系白茶原产地。另外,湖南农学院的杨文辉先生则认为白茶的起源时期是在绿茶制法发明之前的鲜叶晒干时代:"古代劳动人民为收藏茶叶而从野生茶树上采摘鲜叶晒干的方法,与现今的白茶制法相似,应属白茶。另外,在绿茶制造方法发明之前,我国饮茶已较为普遍,并有茶叶贸易出现,这类商品茶应为白茶。[1]"

成品白茶的外观呈白色,故称白茶,为我国六大茶类之一,亦是我国特有茶类,属轻微发酵茶。

白茶的主要品种有传统的白毫银针、白牡丹、贡眉、寿眉以及根据新工艺制作的新白茶等。另外,根据白茶的茶树品种,白茶又分为采用政和大白茶制成的大白,采用水仙品种制成的水仙白和采用菜茶品种制成的小白。白毫银针主要采用政和大白茶或水仙白的肥芽制成,白牡丹由大白茶初绽的一芽两叶茶芽制成,贡眉采用菜茶的嫩梢制成,而寿眉则是采用银针"抽针"之后的叶片制成。

白茶发源于福建福鼎县,现今主要的产区为福建省的福鼎、政和、松溪、建阳等地。福建自古以来便是我国主要产茶区,其种茶的自然条件得天独厚,白茶种植区雨量充沛,年平均气温 18~19 ℃,相对湿度大。另外,其土壤多为红壤、幼红壤、灰化红壤等,质地多为黏壤土及沙壤土,较为肥沃,富含有机质。

白茶的制作工艺相对简单,主要通过萎凋和烘焙两道工序完成。白茶在自然萎凋过程中,在适宜的温度与湿度等环境条件的作用下,

---

[1] 杨文辉.关于白茶起源时期的商榷[J].茶叶通讯,1985.

鲜叶内含物质会发生酶促水解、氧化降解、转化等生化变化,从而形成白茶特有的外形与品质特征。

　　白茶外观披满白色茸毛,白中隐绿,因未经揉捻,其叶态伸展,内质汤色淡黄明净(见图4.11),有毫香,滋味鲜醇,叶底均匀肥嫩。但不同的品种,其外形与内质也有稍微不同。白毫银针用政和大白茶或福鼎大白茶的肥芽尖制成,形状似针,白毫密披,色如白银,富有光泽,香气清新有毫香,味道清鲜爽口。白牡丹则茶芽连枝,形态如凋萎花瓣,色泽灰绿,汤色橙黄明亮,香气清鲜,滋味润泽,叶底淡灰绿色。贡眉与寿眉的色泽为墨绿,毫心明显,香气鲜纯,滋味清甜,汤色黄亮,叶底黄绿,叶脉泛红。而新白茶对鲜叶的要求不甚高,制法采用轻萎凋、轻发酵、轻揉捻等工艺,外形卷缩,略呈条形,色泽灰绿,香气纯正偏浓,滋味较浓烈,汤色深橙黄色,叶底灰绿微黄。白茶一般比较娇嫩,其冲泡与绿茶、黄茶相同。

图4.11　白茶茶汤

第二节 茶叶的化学成分及功效

茶叶传入西方之后,西方人利用科技手段对茶叶的化学成分进行了分析,并从科学的角度去研究茶叶制作过程中所发生的物理化学变化,以及各成分的药理价值,给我们认识茶提供了一个新的角度。

一、茶叶的化学成分分析

茶叶化学成分的研究始于成茶成分的研究,在1840～1850年,玛尔德与波立高依照当时的标准方法分析了商品成茶,罗切尔德在茶叶中发现了茶单宁,同时分离中称之为武夷酸的一种物质。而鲜茶叶化学成分的研究则始于1880～1890年,日本人湖西曾做一个实验,取相同产地产时的茶叶,一部分在80℃的温度下直接干燥,一部分制成绿茶,一部分制成红茶,其后对三者成分进行分析,其结果如表4.1所示[1]。

---

[1] 威廉·乌克斯.茶叶全书[M].侬佳,刘涛,姜海蒂,译.北京:东方出版社,2011:539.

第四章 茶的分类与功效

表 4.1 湖西分析茶叶化学成分

化学成分	干叶	绿茶	红茶
茶单宁	12.91%	10.64%	4.89%
咖啡碱	3.30%	3.20%	3.30%
灰分	4.97%	4.92%	4.93%
粗蛋白质	37.33%	37.43%	38.90%
粗纤维	10.44%	10.06%	10.07%
热水浸出物	50.97%	53.74%	47.23%
醚浸出物	6.49%	5.52%	5.72%
含氮量	5.97%	5.99%	6.22%

经过一百多年的后续研究，研究方法不断改进，研究技术不断进步，到目前为止，从茶叶中分离鉴定出来的化合物已经超过500余种，其中影响茶叶品质最主要的有机成分有：水分、茶多酚、生物碱、蛋白质和氨基酸、灰分、色素、芳香类物质、糖类、有机酸、维生素和矿质元素，这些化学成分从鲜叶到成品茶的制作过程中发生复杂的生化变化，从而形成不同茶类的色、香、味等基本特性。

（一）水分

茶鲜叶中水分的含量为75%～78%，在制作过程中水分不断地蒸发，绝大部分水分均失散，成茶中水分含量为4%～6%。成品茶中水分的含量对茶叶的存储和保管有着极为重要的作用，水分含量越高，茶叶内部越容易发生生化反应，同时能吸收空气中的氧气而引起微生物的滋生，由此茶叶便很容易变质或发生霉变。

（二）茶多酚

茶多酚，又称茶单宁，茶叶中多酚类物质的总称，是决定茶叶色香味及其保健功能的主要成分之一。

茶多酚主要由儿茶素、花青素、黄酮类物质和酚酸等物质组成，其中儿茶素含量最高，占多酚类化合物的70%～80%。儿茶素是形成不同茶类的主要物质，具有强烈的收敛性与苦味。花青素又称花色素，含量较少，具有明显苦味，它的存在对茶叶品质不利，若茶中花青素含量稍高，便会导致茶汤味苦，色乌黑等状况。黄酮类物质又称花黄素，呈黄色，是溶于水的黄色化合物，是多酚类化合物自动氧化的主要物质。酚酸是一类含有酚环的有机酸，味苦涩，在茶叶中含量很少。

（三）生物碱

生物碱是一类含氮的有机化合物，性质与碱相似，具有显著的生物活性，是中草药中的有效成分之一。茶叶中的生物碱有咖啡碱、茶叶碱与可可碱，其中咖啡碱的含量最高，其他两类含量甚微。

咖啡碱是一种无色针状结晶体，化学性质较为稳定，制茶过程中基本不发生氧化，在干燥过程中会因温度过高而升华，它是形成茶汤滋味的主要物质之一。一般而言，茶芽的生物碱含量最高，随着茶叶的生长伸展，含量逐渐降低，所以嫩叶的含量比老叶多，春茶的含量比夏、秋茶多。因咖啡碱的含量直接影响茶汤滋味，嫩茶、春茶的滋味较好。

另外，咖啡碱是一种兴奋剂，能刺激中枢神经系统，具有迅速恢复疲劳,改善血液循环等生理功能,同时,咖啡碱还有利尿的效用。

(四)蛋白质和氨基酸

蛋白质与氨基酸是两类近缘的含氮化合物,蛋白质由氨基酸组成,在一定条件下,又能水解成氨基酸。

一般情况下,生命力较强的茶树新梢中蛋白质的含量最高,与咖啡碱相同,随着茶芽的生长,蛋白质的含量将降低。蛋白质一般难溶于水,可溶性蛋白质含量较少,但对茶汤滋味的形成有积极作用。

目前,在茶叶中检测出来的氨基酸有 30 多种,大部分是在制茶过程中由蛋白质分解而来,其中茶氨酸、谷氨酸、天冬氨酸与精氨酸的含量较高,茶氨酸是茶叶中特有的氨基酸。茶叶中的氨基酸易溶于水,是茶汤的香味、鲜味形成的主要物质之一,尤其是氨基酸与多酚类化合物及咖啡碱配合,具有明显增强茶叶香味与鲜爽度的效果。

(五)灰分

灰分指茶叶经过高温灼烧后残留下的无机物质,一般占干物质总量的 4%~7%,根据溶解度不同可分为水溶性灰分、酸溶性灰分与酸不溶性灰分。研究表明水溶性灰分与茶叶品质呈正相关关系,茶嫩叶中水溶性灰分的含量较高,茶叶的品质也较好,水溶性灰分含量的高低也是区别茶叶老嫩程度的标志之一。

理论上讲,茶叶经过加工,其总灰分含量并不会有太大变化,但加工后的茶叶中总灰分的含量往往会有所增加,而可溶性灰分的含量有所降低。这是因为茶叶在采制过程中很容易沾染上灰尘及一些矿物质,致使灰分总含量有所增加。

(六)芳香类物质

芳香类物质是决定茶叶香气的挥发性物质的总称,其在茶叶中含量低,种类繁多。芳香类物质少部分是茶叶自身代谢过程中的产物,大部分是茶叶加工过程中的产物,分为中低沸点与高沸点两类。中低沸点的芳香类物质存在于鲜叶中,例如,具有强烈青草气的青叶醇,如果杀青不足,绿茶中往往有青草味。而高沸点的芳香类物质大都具有花香,主要是鲜叶经过加工后形成的。

茶叶的香气主要取决去芳香类物质的组合与浓度,例如,绿茶的芳香主要由含氮化合物与含硫化合物组成,大多由茶叶加热过程中的热转化而形成,具有烘炒香;而红茶的芳香主要由醛、酮、酸、酯等为主,大都在茶叶的酶促氧化过程中形成的,具有天然的香甜气。

(七)色素

茶叶中的色素主要分为两大类:脂溶性色素与水溶性色素。脂溶性色素主要有叶绿素、叶黄素与胡萝卜素,对茶的色泽和叶底的色泽有直接影响。水溶性色素主要有黄酮类物质、花青素,以及茶多酚的氧化物,例如茶黄素、茶红素、茶褐素等,因为能溶于水,所以对茶汤的色泽起决定性作用。

叶绿素是绿茶中的主要色素,也是形成绿茶色泽的主要因素,叶绿素在绿茶的加工过程中经过了一系列的化学变化,从而使茶叶的色泽逐渐变深,最终形成绿茶墨绿的色泽。

（八）糖类

糖类物质也称碳水化合物，主要有单糖、双糖、多糖三类。单糖在茶叶中的含量为0.3%～1.0%，主要有果糖、甘露糖、葡萄糖、核糖、半乳糖、木酮糖等。双糖的含量为0.5%～3.0%，主要有蔗糖、麦芽糖、乳糖、棉籽糖等。多糖占茶叶干物质的20%左右，不溶于水，主要为淀粉、纤维素、半纤维素和果胶等。

从可溶性而言，在茶叶中的糖类有可溶性糖类和不溶性糖类两大类，其中可溶性糖类是构成茶汤的滋味与香气的重要因素，茶叶中的甜香、板栗香、焦糖香等香味，便是茶叶在加工过程中糖类自身的变化以及其与多酚类物质、氨基酸等相互作用的结果。

（九）有机酸

有机酸指一些具有酸性的有机化合物，茶叶中有近30种的有机酸，主要分为两类，一类为分子中含有两个羧基或三个羧基的二羧酸和三羧酸，另一类为脂肪酸。在这些有机酸中，有的是香气的组成部分，比如己烯酸；有的可以转化为芳香成分，比如亚油酸；有的则是气味的良好吸附剂，比如棕榈酸。

（十）维生素

维生素是生物生长和代谢所需的微量有机物，是一类含量低微但作用巨大的生物活性物质。在茶叶中，维生素可分为两类，水溶性维生素和脂溶性维生素，前者包括维生素B类、维生素C和肌醇等，后者

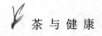

包括维生素 A、维生素 D、维生素 E 和维生素 K。因为各种维生素对人体都有着特殊的生理作用,茶也便随之有着多种功效,例如增强人体微血管壁的弹性、防治脚气、防治坏血病等。

(十一)矿物质

茶叶中矿物质含量是茶叶出口检验的项目之一,通常不能超过 6.5%。茶叶中矿物质含量最高的为磷与钾,其次为铝、铁、钙、镁、锰等,微量的有铜、锌、钴、镍等,微量的矿物质元素有增强人体代谢的生理功效。

二、茶叶品质形成中各种成分的生化变化

茶叶的品质特征主要从外形、色泽、汤色、香气、滋味与叶底等几方面而言,不同茶类各具特色的品质特征都是茶叶中各种化学成分在制茶过程中综合反应变化的结果,以下内容是对六大基本茶类品质特征的形成过程进行简单分析。

(一)绿茶

绿茶制作的原理是利用高温杀青,破坏酶的活性,从而抑制多酚类化合物在加工过程中的氧化,以免出现茶叶和茶梗的变红,从而保持绿茶清汤绿叶的品质特征。

绿茶中的叶绿素受热后一部分转化为脱镁叶绿素,影响干茶及叶底的色泽,而一部分水解则会影响茶汤的色泽。形成绿茶香气的主要

成分为芳香油,一部分是茶鲜叶中保留下来的,如青叶醇,具有青草气,而大部分是在加工过程中所形成,蛋白质、氨基酸、碳水化合物与部分色素在加热及干燥过程中发生反应从而形成了绿茶的各种香气。绿茶的滋味是由多酚类物质及其氧化物、氨基酸、咖啡碱、糖类、水溶性果胶与有机酸等物质相互调配综合反应的结果。多酚类较为苦涩,具有较强的收敛性,氨基酸鲜爽,咖啡碱味苦,糖类甘醇,有机酸有芳香。其中,多酚类物质及其氧化物是决定绿茶滋味的基本成分。

(二)红茶

红茶的制作工艺主要有萎凋、揉捻、发酵和干燥,在萎凋过程中,茶叶中酶的活性得以增强,在后续的工序中发生茶多酚的酶促氧化,从而形成红茶红汤红叶的品质特征。

茶多酚的主体物质为儿茶素,在萎凋与揉捻后儿茶素在酶的促进作用下迅速氧化产生儿茶素邻醌,邻醌物质聚合形成茶黄素,茶黄素进一步氧化又产生茶红素,茶红素氧化并与氨基酸等物质聚合而产生茶褐素。而茶黄素与茶褐素是形成红茶红叶红汤的主要物质。红茶滋味的形成是多酚类化合物、氨基酸、咖啡碱与糖类等相互作用的结果,茶黄素收敛性较强,但茶红素滋味醇和,氨基酸使茶汤鲜爽,咖啡碱则略有苦味,与之相对,糖类物质则有甜醇的特点。在芳香物质的变化上,与其他茶类相同,大部分是在制作过程中由其他物质转化而来,所以随着制茶工序的推进,红茶的香气是逐渐增加的。然而在高温干燥阶段,随着很多低沸点的芳香物质挥发,红茶香味有所降低,而高沸点的芳香物质以醇类和羧酸类为主,其次还有醛类和酯类。

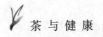

（三）乌龙茶

乌龙茶为半发酵茶，在制作中茶叶中的多酚类物质部分氧化，从而形成香高、味醇、绿叶红镶边的品质特征。

乌龙茶的采摘标准略微不同于其他茶类，一般采摘驻芽2~3片叶，过老过嫩均不宜制作出乌龙茶特有的高香与醇厚滋味。随着新梢的发育，叶片中的醚浸出物、糖类、类胡萝卜素、黄酮素类物质的含量逐渐增加，而茶多酚的含量逐渐减少。醚浸出物、类胡萝卜素等物质是影响乌龙茶香味的重要物质，茶多酚的减少则能降低后续工序中茶叶的氧化程度。乌龙茶的高香主要由多酚类物质、芳香物质、糖类、果胶和氨基酸等配合形成，其中醚浸出物与芳香物质的含量较红茶、绿茶高。乌龙茶的滋味特点为醇厚耐泡，因为其采摘叶片要求一定的成熟度，醚浸出物较多，做青有利于增加叶片内的有效成分。乌龙茶的叶底要求绿叶红镶边，是在乌龙茶特殊加工工艺中叶绿素含量下降、多酚类物质部分氧化以及干燥中茶褐色的渐增而形成的。

（四）黄茶

黄茶制作的特殊工艺为闷黄，从而形成黄叶黄汤、香气清爽、滋味醇厚的品质特征。

黄茶闷黄的过程实现了茶叶中多酚类化合物轻度氧化，叶绿素大部分被破坏的效果。叶绿素为不稳定化合物，在黄茶制作热化过程中受到氧化、裂解、置换而被破坏，使绿色减少，黄色显露，这是黄茶显黄色的主要原因。在热化作用下，结合性多酚类化合物容易裂解转化为可溶性多酚类化合物,同时发生异构化,使茶汤滋味浓醇。另外,可溶性糖类逐渐减少,氨基酸含量增加,亦可影响茶汤滋味。

(五)白茶

白茶为轻微发酵茶,加工工序相对简单,外观披满白色茸毛,色白隐绿,茶叶品种要求芽叶茸毛多,芽色银白,有利于白毫的形成。从萎凋开始,茶叶中的多酚类及其他物质进行自动氧化和较弱的酶促反应,从而形成了白茶汤色杏黄、滋味醇爽、香气清新的品质特征。在萎凋过程中,茶叶细胞液内 pH 值改变,促使叶绿素向脱镁叶绿素转化,色泽转为暗绿,加温干燥中,叶绿素进一步被破坏,色泽进一步加深。在长时间的萎凋中,糖类有较多积累,从而增进了茶汤的滋味,蛋白质分解为具有鲜味的氨基酸,而氨基酸又在醌的氧化作用下转化为醛,形成了白茶的香气。萎凋后期,可溶性多酚类化合物与氨基酸、糖类相互作用,形成了芳香物质。

(六)黑茶

黑茶原料粗老,渥堆是其变色过程,亦是形成其品质特征的特有工艺。渥堆过程使多酚类化合物氧化,去除部分青涩味,同时使茶色变为黑茶特有的黄褐色。

在黑茶渥堆高温高湿的环境下,茶叶中的叶绿素易于裂解,进行脱镁转化,从而使叶子失去绿色变成黄褐色。另外,在茶多酚化合物的氧化而产生的叶黄素、叶红素与叶褐素的作用下,茶叶也会显示出黄褐色。渥堆时,氨基酸的含量有所增加,它与茶多酚氧化的中间产物邻醌结合产生一种芳香类物质,对黑茶香味产生良好的影响。黑茶特有的滋味则主要来源于多酚类化合物的可溶性氧化产物,可溶性多酚类经氧化后作用减少,从而降低了茶的苦涩味,加强了黑茶的醇和,降低了涩度和收敛性。

三、茶叶的功效

茶叶最初是因具有药用价值而进入人类生活的,《神农本草经》中曾记载:"神农尝百草,一日而遇七十毒,得茶以解之。"《茶经》中也曾记载:"茶之为用,味至寒,为饮最宜精行俭德之人。若热渴、凝闷、脑疼、目涩、四肢烦、百节不舒,聊四五啜,与醍醐、甘露抗衡也。"明代的《茶谱》中,关于茶效也有如下的记载:"人饮真茶,能止渴消食,除痰少睡,利水道,明目益思,除烦去腻。"《吃茶养生记》的开篇也标明了茶的药用效果:"茶者,养生之仙药也,延龄之妙术也。"另外在其他古籍中,古人还提出茶有"轻身""令人瘦""去人脂""醒酒"的功效。这些茶之药用功效都是古人在实践中得出的。

随着时代的发展与科技的进步,对茶叶成分的物理与化学分析越来越细致明确,茶的药理功能也越来越明朗。茶成为世界三大饮料之一,除了其独特的色香味外,营养与药理价值亦是重要原因,茶叶的化学成分中绝大部分具有保健或是防治疾病的功能。例如,生物碱对中枢神经系统有明显的刺激、兴奋功能,对大脑皮质亦有兴奋作用,能消除困意,减少疲劳,提高对外界的敏感度,此外还有增强心血管系统与利尿的功能。而茶多酚对人体亦有多方面的药理价值,能抑制许多病原菌的生长,对痢疾、伤寒等疾病有一定的疗效;能节制微血管的渗透性,增加其弹性,对糖尿病、高血压有一定效果;能防治血液与肝脏中的胆固醇与脂肪,对动脉硬化与肝脏硬化有缓解作用;能吸收放射性物质,对辐射有一定的对抗效果;等等。而芳香性物质则对镇痛、祛痰、杀菌、消炎等有一定的治疗效果。另外茶叶中富含多种维生素,而维生素对人体的多个方面有积极的支持效果。而矿物质亦是人体所必需的,对人体的正常健康代谢有重要的作用。

根据其化学成分的药理功能,茶叶主要的功效可被归纳为以下几种:

（一）止渴消暑

茶汤除了能补给人体所需水分外,还具有解热、生津、清凉等功效。适量咖啡碱对大脑皮层有兴奋的作用,从而对控制体温的下视丘有调节作用。茶汤中的多酚类化合物能刺激口腔黏膜,促进唾液分泌使口内生津。另外,茶中芳香性物质与有机酸均具有挥发性,从而产生吸热、清凉的作用。

（二）少睡益思

茶水能刺激中枢神经,消除疲劳,提神少睡,增进思维能力,这些功能主要来源于茶叶中的生物碱成分。生物碱尤其是咖啡碱能兴奋神经中枢,从而提高人体的基础代谢、肌肉收缩、血液循环、肺活量、胃液分泌量等,从而使个体提高兴奋度,集中思考力。

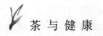

(三)促消化促吸收

茶叶中的咖啡碱和黄烷醇类化合物具有增强消化道蠕动的功能,使茶具有促消化吸收的功效,防治消化器官疾病的发生。另外,茶叶中的咖啡碱、有机醇、叶酸等也具有调节脂肪代谢的功能。

(四)明目治眼疾

茶中含有相对丰富的胡萝卜素,能防止上皮组织角化增加,从而预防角质化增殖而引起泪腺细胞角化的干眼症。另外,胡萝卜素会在体内转变为维生素A,在视网膜内与蛋白质结合而形成视紫红质,从而增强视网膜的感光度,防治夜盲症。茶叶中的维生素B2与维生素C分别对眼部黏膜交界的病变、白内障水晶体浑浊等有一定疗效。

(五)利尿

茶叶能够利尿,增强人体肾脏的排泄功能,主要因为茶汤中含有咖啡碱、茶叶碱、可可碱等嘌呤类化合物,其次还有黄酮类化合物、芳香油等。这些成分的药理主要是抑制肾小管的再吸收,使尿液中钠离子与氯离子含量增多,从而刺激血液运动中枢,舒张肾血管,增强肾脏血流量,从而增强肾小球的滤除率。

(六)解毒

茶叶对重金属毒性有一定的缓解作用。近年,食品行业有毒物质的出现此起彼伏,而重金属,如铜、铅、汞、镉等,在饮水食品中的含量过高便是其中一方面。人们体内的重金属含量过高,便会引起一系列中毒症状,而茶叶中的茶多酚对重金属有较强的吸附能力,对液体中的银、镉、钴、铜、镍、铅等具有比较好的吸附效果,从而适度减缓重金属中毒症状。然而,茶叶的这种吸附能力也使其容易受到环境的污染,从而严重影响其品质乃至饮用的安全性。

(七)防辐射

实验表明,茶叶中的儿茶素能吸收放射性物质 Sr90,对内照射损伤有明显治疗效果。另外,茶叶中的脂多糖、半胱氨酸等对放射性伤害也有一定抵抗效果。

(八)预防坏血病

茶叶中含有丰富的维生素 C,而人体维生素 C 的缺乏会引起血管壁渗透性破坏,进而产生瘀点性出血,肌肉、关节囊浆膜腔出血等病状,同时也会使肌体免疫力下降,降低对传染病的抵抗力,影响伤口正常愈合。另外,茶汤中的黄酮类物质与维生素 C 在防治坏血病上有协同效果,帮助肌体对维生素 C 的吸收,增强微血管韧性。

(九)醒酒解酒

酒精的水解主要依靠人体肝脏中酒精水解酶的作用,而水解过程需要维生素 C 作为催化剂。酒后饮适量淡茶,能补充维生素 C,同时茶叶中具有利尿作用的咖啡碱能使酒精快速排出体外。此外,茶叶亦可刺激大脑中枢神经,有效促进人体新陈代谢,进一步加强醒酒功能。

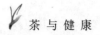

但是，酒后过量饮浓茶会加重心脏负担，利尿也可能使未水解的乙醛从肾脏排出，对肾脏刺激过大，而对健康不利。

（十）降血糖

糖尿病的明显病状便是高血糖，是由体内胰岛素不足而引起糖类、脂肪、蛋白质等代谢紊乱为特征的内分泌疾病。茶叶中的多酚类物质能保持微血管的韧性，节制微血管渗透性，对微血管脆弱的糖尿病患者有明显的治疗效果。另外，茶叶中的维生素 C、维生素 B、水杨酸甲酯、泛酸等均有利于人体糖类的代谢。

（十一）降血脂

茶叶中的有效成分具有治疗高血压、冠心病、降血脂、抑制动脉硬化的功效。脂肪类代谢紊乱往往是动脉硬化的重要原因，而茶叶中的多酚类物质、维生素、氨基酸等对肌体脂肪代谢都有良好的辅助功能。多酚类物质尤其是儿茶素，可预防血液与肝脏中胆固醇和脂肪的积累，而维生素类与氨基酸也具有减低胆固醇的作用，从而预防动脉与肝脏硬化。

（十二）消炎灭菌

民间有用茶叶汁处理伤口防止发炎的做法，是因为茶叶有消炎灭菌的功效。茶叶中的儿茶素对伤寒杆菌等多种病原菌具有明显的抑制效果。黄酮醇类物质能促进肾小腺体的活动，从而降低毛细血管的渗透性，减少血液渗出，同时对发炎因子组胺具有良好的拮抗作用。

（十三）抗衰老

人体衰老的主要原因之一是脂质的过氧化，服用抗氧化的化合物，如维生素 C、维生素 E 便可增强抵抗力，延缓衰老，而茶叶中富含多种维生素。此外，儿茶素也具有明显的抗氧化活性，活性甚至超过维生素。

（十四）其他

随着科技的进步，茶叶越来越多的医学功效亦被人们所发现与证明，除以上功效之外，还有治疗痢疾、预防便秘、防龋齿祛口臭、防癌抗突变、预防各类结石等医药效果，更多的功效则有待于科研的进一步深化。

第五章　茶艺与生活

我们提倡喝茶,除了茶叶的种种功效外,更重要的原因是因为茶艺还代表了一种健康、清雅的生活方式。像英国的"下午茶",已成为其优雅生活文化的重要内容。茶在日本更是具有崇高的地位,"茶道"成为日本传统文化的重要标志。以茶艺为标杆,喝茶人可以有意识地改造自己的生活方式,创造出自己特有的精致、文雅的生活形态。

第一节　琴棋书画诗酒茶——文人与茶

文人在中国传统社会中享有重要地位,他们的生活是精致生活的典范。"琴棋书画诗酒茶"便是文人们具有象征性的生活内容,茶自古就与文人结缘,成为中国文人内在精神的象征之一。在茶文化的发展史上,从文献记述、文化传播、趣闻轶事、历史发展等方面看,文人们都起着举足轻重的作用。从魏晋文人的玄学清谈,唐代文人的闲情聚会,宋代士大夫的幽雅精致,到明清文人的自然简约中,处处蕴含着茶

第五章 茶艺与生活

味余香。淡淡的茶香,似乎天然地与文人的气息相通,为历代文人所钟爱。饮茶,是文人们生活中的必要内容,在品茶中品味生活,品味安静中的生命境界,得到心灵的放松和休息。在茶的清香中,他们与茶融为一体。文人们从茶文化的最初发展期便有意无意地将其作为一种修养身心、寄托感情的艺术,从而与茶结下不解之缘,流传下来多种与茶有关的诗词、书画、碑帖、戏曲、壁画、歌谣、茶联等艺术形式的作品。正是由于历代文人的参与,茶也超脱出其本身简单的生活范畴,升华至一种文化、艺术的层次,串联出独特的味觉感知与精神记忆,成为一种重要的文化形式流淌于中国传统文化的大河中。

一、茶与诗词

根据现有的文献,最早的提到茶的诗可能数西晋文学家张载的《登成都楼》与左思的《娇女诗》了。《登成都楼》中有"芳荼冠六情,溢味播九区"的句子,赞颂了蜀茶;而《娇女诗》中描写了两个小女儿日常生活的几个场景,其中有在园中嬉戏,因口渴对鼎吹火煮茶,而弄得一身烟灰的憨态——"止为荼荈据,吹吁对鼎钘。脂腻漫白袖,烟薰染阿锡。衣被皆重地,难与沉水碧。任其孺子意,羞受长者责。瞥闻当与杖,掩泪俱向壁。"此诗充满了生活气息,对生活小事的描述中显示出了两小女儿的童趣,充满活泼与生机。

茶诗多有赞美名茶的,大诗人李白的《答族侄僧中孚赠玉泉仙人掌茶》可算其中著名的一首:"常闻玉泉山,山洞多乳窟。仙鼠如白鸦,倒悬清溪月。茗生此中石,玉泉流不歇。根柯洒芳津,采服润肌骨。丛老卷绿叶,枝枝相接连。曝成仙人掌,似拍洪崖肩。举世未见之,其名定谁传。宗英乃禅伯,投赠有佳篇。清镜烛无盐,顾惭西子妍。朝坐有馀兴,长吟播诸天。"诗仙以其惯常的浪漫主义手法形象地描绘了仙人掌茶得天独厚的生长环境、外形、品质与功效,在赞茶诗中留下了华丽的篇章。

在茶诗中,有一首极具特点与趣味的,便是唐代大诗人元稹的宝塔诗即"一字至七字茶诗",有趣地描述出了茶的香味、形态、色彩,以及诗人对饮茶环境的幽闲想象和醉人的心灵感受:

茶。

香叶,嫩芽。

慕诗客,爱僧家。

碾雕白玉,罗织红纱。

铫煎黄蕊色,碗转曲尘花。

夜后邀陪明月,晨前命对朝霞。

洗尽古今人不倦,将至醉后岂堪夸。

在诗与茶的历史交汇处,留下了太多的精彩华章。例如,白居易有《谢李六郎中寄新蜀茶》,表达了对新茶的珍爱与对朋友的谢意;卢仝一首"七碗茶诗"更是用浪漫主义的手法精彩演绎了饮茶后的曼妙感受;欧阳修嗜茶,有多首茶诗流传于世,其中的《茶歌》中有"吾年向老世味薄,所好未衰惟饮茶。亲烹屡酌不知厌,自谓此乐真无涯"的诗句,表达了这位北宋政治家对饮茶的喜爱和依赖;而留下了最为丰富一页的要数北宋文学家苏东坡,在他的心中与笔下,茶不只是一种物质存在,更是精神的载体,《叶嘉传》《次韵曹辅寄和原始焙新茶》等诗篇,无不透溢着茶的灵性。

到了宋代,词作为一种独特优美的文学形式开始盛行,因而咏茶之词自然就应运而生了。

苏东坡《行香子》词云:"绮席才终,欢意犹浓,酒阑时高兴无穷。共夸君赐,初拆臣封。看分香饼,黄金缕,密云龙。斗赢一水,功放千钟,觉凉生两腋清风。暂留红袖,少却纱笼。放笙歌散,庭馆静,略从容。"贵客来访,词人设茶宴泡君王赏赐的密云龙招待,众人饮后两腋清风、飘飘欲仙。另外,他还有一首《水调歌头》的词用豪迈的手法生动地写出了建溪名茶的茁壮生长,以及饮龙团茶后羽化而登仙的感受。

大书法家黄庭坚一生爱茶,尤其推崇自己家乡的双井茶,有《品令》《西江月》等咏茶词作品。其中《品令》词云:"凤舞团团饼,恨分破,教孤零。金渠体净,只轮慢碾,玉尘光莹。汤响松风,早减二分酒病。味浓香永,醉乡路,成佳境。恰如灯下,故人万里,归来对影,口不能言,心下快活自省。"在对饮茶心理描述的笔触之间,体会友人之心灵相惜,雅韵文字下的品茗透着幽静文雅气息。

另外,著名词人李清照、秦观等也有多篇茶词留世。

从《娇女诗》开始,咏茶之诗词便在不同的历史时期中不断涌出,我们无意一一枚举,只是从中抽出几首,期许读者能从中感受到茶与诗词的美妙结合。

二、茶与书画篆刻

书画是历代文人最具代表性的艺术作品,辜鸿铭在《中国人的精神》中说:"中国的毛笔,或许可以被视为中国人精神的象征"。中国的

图 5.1 "听香读画"印章

书画似乎可以看作中国人与外国人相区分的文化标志。在关乎茶的一幅幅书画作品中,呈现出文人们对茶的嗜爱,品茗艺术的社会状况,也传递着历代文人的心灵生活(见图 5.1)。

《苦笋帖》(见图 5.2)是现存最早的与茶有关的佛门手札,为唐代僧人书法家怀素所作。怀素善草书,尤以狂草为名,《苦笋帖》中寥寥十四个字:"苦笋及茗异常佳,乃可径来,怀素上",在突出的个性之中透出清逸之态,淡泊而古雅,表达出僧人对茶的清爱,透露出"茶禅一味"的历史痕迹。

大书法家颜真卿亦好茶,他与茶圣陆羽性情相投,常在一起品茗吟诗,探讨书法艺术。唐大历九年(公元 774 年)三月,颜真卿与陆羽、皎然等 19 位湖州文人一同举办紫笋茶会,品饮佳茗,赋诗赏景,每人吟诗一句作联句长诗一首,并由颜真卿书写成文,便成了书法史上颇具盛名的《竹山堂连句》,可惜的是此作品原版已经遗失在历史的烟尘中,今日能看到的只有临摹版了(见图 5.3)。

宋代蔡襄也是一位十分爱茶的书法家,楷书、行书与草书皆入妙品,他的茶学专著《茶录》(见图 5.4)便是小楷书法作品中的精品,历代书法家多有盛赞。除

图 5.2 唐·怀素《苦笋帖》

第五章 茶艺与生活

《茶录》外,蔡襄还有其他关于茶的书迹,例如《北苑十咏》《即惠山泉煮茶》《精茶帖》(见图 5.5)等。

图 5.3 唐人临摹版《竹山堂连句》

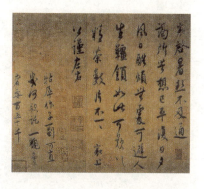

图 5.4 宋·蔡襄《茶录》(部分)　　图 5.5 宋·蔡襄《精茶帖》

125

苏轼作为一位集多种才艺与哲学思想于一身的大文学家,亦留下了较多的书法作品,与茶有关的有《啜茶帖》(见图5.6)、《一夜帖》《新岁展庆帖》(见图5.7)、《天际乌云帖》等,多是与友人的手札,在丰秀雅逸中传递着缥缈茶趣。

图 5.6　宋·苏轼《啜茶帖》

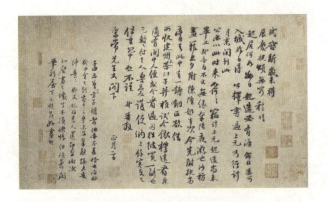

图 5.7　宋·苏轼《新岁展庆帖》

另外的一些咏茶品茗书法作品,也极负盛名,例如,北宋书画家米芾的《苕溪咏茶诗帖》,明代文学家、书画家徐文长的《煎茶七类》,清代文学家、书画家郑板桥的《竹枝词》等,在历史时空中,传递着书香茶趣。

唐代是茶文化形成与发展最具奠基性的一个年代,而发现最早的以茶为题材的国画,正是唐代阎立本的《萧翼赚兰亭图》(见图5.8),后来在宋元明清各个历史时期,均有大量的茶画流传于世(见图5.9~5.11)。这些画作形象地记录了各个年代各个阶层的茶事活动,以及茶在不同的历史时期中的地位,为后世留下了极为珍贵的历史资料。通过这些画,我们可以了解到各个年代中人们的煮茶方式、所用茶具和茶事活动,以及不同阶层对茶的品饮方式的不同。

图5.8　唐·阎立本《萧翼赚兰亭图》

图5.9　南宋·刘松年《碾茶图》

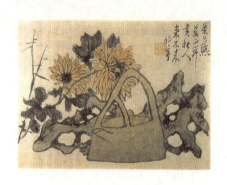 

图 5.10　清·蒲华《茶熟菊开图》　　图 5.11　清·吴昌硕《品茗图》

　　中国书画作品中均有篆刻的印章作为雅趣点缀,作画龙点睛之用,无章之书画作品,似乎便失去了许多灵魂与魅力。文人们以茶为题写诗作画,而书画中的篆刻作品,有时亦会以茶为题材。自明清金石学的兴起,篆刻艺术从千年沉寂中升起,名家辈出,以茶为题材的篆刻作品作为一种独特的风景丰富着茶文化(见图 5.12、图 5.13、图 5.14)。

图 5.12　清·黄易《茶熟香温且自看》　　图 5.13　清·钱松《茗香阁》

图 5.14　清·吴昌硕《茶禅》《茶押》《茶苦》

三、茶与楹联

对联是一种有趣的艺术形式,广泛流传于文人生活中。茶联作为茶文化中的独特存在,可说是茶诗、茶词的一种延续,茶联大多对仗工整,平仄协调,有的文气隽秀,有的通俗有趣,有的充满哲理,有的表达情感,常被作为书法作品悬于文人书斋之中或是茶馆大门之上,彰显着人们对茶的赞美和喜爱。这里且记录几则茶联,请读者欣赏。

欲把西湖比西子,从来佳茗似佳人。

茗外风清移月影,壶边夜静听松涛。

汲来江水煮新茗,买尽青山当画屏。

诗写梅花雨,茶煮谷雨香。

焚香读画,煮茗敲诗。

一杯春露暂留客,两腋清风几欲仙。

一盏清茶,解解解元之渴;三分熟地,种种种子的瓜。

坐,请坐,请上座;茶,上茶,上好茶。

山好好,水好好,空门一笑无烦恼;来匆匆,去匆匆,饮茶几杯各西东。

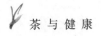

四、茶与其他艺术形式

除了诗词书画,中国人生活中亦充溢着其他的艺术形式,例如小说、戏曲、舞蹈等。在这些作品中,也有许多描写了文人生活中的茶事茶宴,以它们各自的形式记录了不同年代中的茶习,传递着中国人与茶的不解之缘。

第二节 柴米油盐酱醋茶——百姓与茶

"开门七件事——柴米油盐酱醋茶"作为谚语深入中国百姓的心中。"柴米油盐酱醋茶"作为中国百姓日常生活的七件事一般认为起始于宋朝,确切记载尚有待考证。南宋吴自牧在《梦梁录》中提到生活八件事,柴米油盐、酒酱醋茶,因酒并不算生活必需品,在后来的文学作品中便被删除,而形成七件事之说。元杂剧作家刘景贤的《马丹阳度脱刘行首》第二折中有:"教你当家不当家,及至当家乱如麻。早起开门七件事,柴米油盐酱醋茶。"表现了百姓生活中当家者的操劳与辛苦。明代著名画家唐寅有一首诗《除夕口占》,亦点出了这生活七件事:"柴米油盐酱醋茶,般般都在别人家。岁暮清淡无一事,竹堂寺里看梅花。"可见,自从被认识与普及,历经千年,茶作为百姓生活中极其日常的一部分融入中国人的饮食文化中。

第五章　茶艺与生活

茶,作为日常饮品,初步普及于中唐时期,陆羽《茶经》中对此的描述是:"滂时浸俗,盛于国朝,两都并荆、渝间,以为比屋之饮。"其意便为:饮茶作为一种习俗,盛行于唐代,在长安、洛阳以及荆州、渝州,已经成为家家户户的饮品。唐朝初期,有关茶的文献与吟诵并不多见,直到中唐以后,饮茶之风逐渐普及,从宫廷到文人士族,尤其是在下层百姓生活中开始流行。那时江西浮梁茶颇为盛行,唐代杨华《膳夫经手录》中有记载:"今关西、山东间间村落皆吃之,累日不食犹得,不得一日无茶也。"大诗人白居易在长诗《琵琶行》中也有侧面描写唐代茶叶贸易活跃的状况:"门前冷落车马稀,老大嫁作商人妇。商人重利轻别离,前月浮梁买茶去。"

根据陆羽《茶经·八之出》中的明确记载,唐代茶叶的产区主要为山南、淮南、浙西、浙东、剑南、黔中、江西、岭南等 8 大区域,44 个州。随着唐初期经济文化各方面的蓬勃发展,茶叶的生产专业化与普及化也在不断提升,据《册府元龟》记载,在文宗太和年间,"江淮人十之二三以茶为业""伏以江南百姓营生,多以种茶为业"。茶叶种植的大面积扩展,说明茶开始作为日常消费品进入平常百姓的生活。另外,据《旧唐书·李珏传》记载,左拾遗李珏反对增加茶税时曾上疏云:"茶为食物,无异米盐,于人所资,远近同俗,既怯竭乏,难舍斯须,田间之间,嗜好尤切",由此可见,饮茶之风已普及到社会下层。与此同时,茶肆也开始出现,据《封氏见闻记》记载:"自邹、齐、仓、隶,渐至京邑。城市多开有店铺,煮茶卖之。不问道俗,投钱取饮。"

茶兴于唐而盛于宋,继唐五代饮茶的普及之后,宋代的饮茶之风更进一步深入到平民百姓生活中。王安石在《议茶法》中描述:"茶之为民用,等于米盐,不可一日以无。"北宋哲学家思想家李觏在《盱江记》中也记述:"茶非古也,源于江左,流于天下,浸淫于近世,君子小人靡不嗜也,富贵贫贱靡不用也。"可见到宋代,茶已经成为人们日常生活中不可或缺的饮品。随着宋代商品经济的发展,人口流动的增加,饮茶之风便带来了茶铺茶坊的设立与发达。在宋代的许多文学作品中,例如《清明上河图》《东京梦华录》,以及以宋代为背景的小说《水浒传》中,都呈现了茶坊茶铺街头林立的景象。饮茶之风深入到民间生活的各方面,久而久之便形成了与茶有关的各种风俗,如客来敬茶、茶入婚礼、茶进丧俗等茶俗开始在宋代出现。

至明清,茶进一步深入到千家万户,与日常生活紧密相连,其主要表现有茶馆的兴盛、工夫茶的兴起、茶俗的广泛存在等方面。茶馆出现于唐代,在宋时已经初具规模,明代的茶馆精致典雅,而其鼎盛期则是在清代。清代出现了各种品类的茶馆,有供商人洽谈生意的清茶馆,有说书曲艺表演的书茶馆,有容三教九流的大茶馆,还有供文人消遣的野茶馆,茶馆逐渐演变为包罗社会万象的生活舞台。清代茶文化以深入民间为主要特色,福建与广东的工夫茶在这一时期发展起来,清代诗人袁枚对工夫茶的清芬奇甘颇有感触,他在《随园食单·武夷茶》中曾有如此的描述:"丙午秋,余游武夷,到幔亭峰、天游寺诸处,僧道争以茶献。杯小如胡桃,壶小如香橼,每斟无一两,上口不忍遽咽,先嗅其香,再试其味,徐徐咀嚼而体贴之,果然清芬扑鼻,舌有余甘。一杯以后,再试一二杯,释躁平矜。始觉龙井虽清,而味薄矣;阳羡虽佳,而韵逊矣。颇有玉与水晶,品格不同之致。故武夷享天下盛名,真乃不忝,且可以瀹至三次,而其味犹未尽。"在工夫茶有序有节的细酌

第五章 茶艺与生活

慢品中,有着最质朴深厚的中国民间茶文化。

茶源于巴蜀,后逐渐扩展到长江流域,又传入北方民族,受到中华大地的普遍欢迎,而形成独具中国特色的、蕴含深厚传统精神的中国茶文化。从最初作为药用,到供奉于宫廷皇室,后又受到文人士大夫阶层的推崇与嗜爱,进而融入百姓日常生活,成为中国百姓生活中最为基本与重要的饮品。经历历史的积累,在百姓生活与茶的融合过程中,呈现出韵味盎然的民间茶文化,茶逐渐融入衣食住行、日常礼仪、婚丧嫁娶、祭祀等活动中,并出现了茶馆等物质形态,以及采茶歌舞、民间传说等文化形态,处处展现着中国民间茶文化独特的质朴宽厚韵味。

一、茶馆

关于茶馆雏形最早的记载,出现在陆羽《茶经·七之事》中所引用的《广陵耆老传》中:"晋元帝时,有老姥每旦独提一器茗,往市鬻之,市人竞买,自旦至夕,其器不减,所得钱散路傍孤贫乞人。"在南北朝时,清谈品茗之风促使了一些茶寮的形成,但不具有普遍性。到唐代,茶馆作为一种店铺形式出现于街头闹市,据《封氏见闻记》记载:"开元中,泰山灵岩寺有降魔师,大兴禅教。学禅,务于不寐,又不夕食,皆许其饮茶,人自怀挟,到处煮饮,从此转相仿效,遂成风俗。自邹、齐、沧、棣,渐至京邑,城市多开店铺,煎茶卖之,不问道俗,投钱取饮。"可见,唐开元年间,茶铺已经开始出现于百姓生活。

宋代饮茶之风的进一步盛行,以及商品经济的繁荣,促使了茶馆业的兴盛,尤其是东京开封,作为经济文化政治中心与交通要道,在街市中或是居民区,都随处可见茶坊茶肆,随眼可见许多"茶"字招牌在风中摇曳。展现北宋都城开封繁荣景象的《清明上河图》(见图5.15)中,便有茶坊热闹的场景。宋代文学家孟元老也在《东京梦华录》卷二《潘楼东街巷》中记载:"潘楼东去十字街,谓之土市子,又谓之竹竿市。又东十字大街,曰从行裹角,茶坊每五更点灯,博易买卖衣服图画花环领抹之类,至晓即散,谓之'鬼市子'……又投东,则旧曹门街,北山子茶坊,内有仙洞、仙桥,仕女往往夜游吃茶于彼。"可见,北宋时茶坊已如酒家药铺一样,在繁荣的街市上颇为常见。

图 5.15　北宋·张择端《清明上河图》(局部)

至南宋,茶坊的功能进一步扩展,形式与内容也有了多样化的发展,有供闲散消遣的清雅茶坊,有供众人摆龙门阵的喧闹茶坊,还有以茶为由提供娼妓的花茶坊。据南宋耐得翁所著,描述南宋都城临安

第五章 茶艺与生活

(今浙江省杭州市)城市风貌的《都城纪胜》记载:"当时南宋京城临安有大茶坊张挂名人书画,在京师只熟食店挂画,所以消遣久待也,今茶坊皆然。冬天兼卖擂茶,或卖盐豉汤,暑天兼卖梅花酒……茶楼多有都人子弟占此会聚,习学乐器,或唱叫之类,谓之挂牌儿。人情茶坊,本非以茶汤为正,但将此为由,多下茶钱也。又有一等专是娼妓弟兄打聚处。又有一等专是诸行借工卖伎人会聚行老处,谓之市头。水茶坊,乃娼家聊设桌凳,以茶为由,后生辈甘于费钱,谓之干茶钱。"

至明代,茶馆业有了进一步的发展,档次区分也更为明显,并且代替"茶铺""茶坊""茶肆"等名词,"茶馆"这个词也首次出现在文献记载中。明代文学家张岱所著的《陶庵梦忆》中写道:"崇祯癸酉,有好事者开茶馆,泉实玉带,茶实兰雪,汤以旋煮,无老汤,器以时涤,无秽器,其火候、汤候,亦时有天合之者。"明高祖朱元璋废团茶,散茶开始流行,同时明代实行高压政策,文人多寄情于自然,对茶的要求亦是自然清新,与之相应便出现了满足文人雅士需要的精致茶馆,对茶叶品质、泡茶用水、盛茶用具、煮茶火候都有精湛的要求。与此同时,明代商品经济较为发达,大众化的茶馆也同时应运而生,其中最具代表性的便是北京城出现的面向老百姓的大碗茶。这些茶馆里不但有茶水,还提供茶点。另外,从这一时期开始,曲艺活动也开始进入茶馆。

清朝,是茶馆业繁荣的一个年代,茶馆遍布全国大小城市,成为大众娱乐场所。清代著名学者训诂学家郝懿行曾在《都门竹枝词》中写道:"击筑悲歌燕市空,争如丰乐谱人风。太平父老清闲惯,多在酒楼茶社中。"茶馆成为上至达官贵人,下至贩夫走卒的重要生活场所,不同地区的茶馆也逐渐形成各自不同的地方特色与文化形态。北京茶

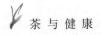茶 与 健 康

馆主要有清茶馆、大茶馆、书茶馆、园林茶馆等几类;清茶馆只卖茶不售食,可进行下棋猜谜语等活动;大茶馆如同如今的酒楼,可品茶、吃茶点或是吃饭喝酒;书茶馆里客人一边喝茶一边欣赏说书、戏剧、相声、大鼓等曲艺节目;园林茶馆多设在北京西郊的风景区,在自然环境中品茗。上海茶馆兴起于同治年间,商人在此谈交易,记者在此采访社会新闻,艺人在此说书演唱……三教九流的人物都融汇在这茶馆中。另外,在杭州、成都、广州等地,也都有各具特色的茶馆出现。

今天,在各个城市中,人们也经常会看到具有商务会客功能的现代茶馆。

二、茶礼茶俗

茶在与中国民间文化相融合的过程中,老百姓根据茶的功效或是意蕴,或是对茶精神品格的理解与认识,逐渐形成了融合于传统的茶礼茶俗,主要体现在客来敬茶、婚俗、丧俗、祭祀等民间文化之上。除了汉族之外,各少数民族也结合各自民族特色,形成了独具特色,充满文化气韵的茶礼茶俗。

(一) 客来敬茶

以茶待客,是已经融入到百姓日常生活中的一种基本礼节,而最早以茶待客的人可以追溯到南北朝的陆纳,曾以茶代酒来招待到访的谢安。随着唐宋饮茶之风的盛行与茶在百姓间的普及,客来敬茶开始成为一种待客礼节,一直沿袭到当今社会。一杯清茶,体现出文明与

礼貌,让远道而来的客人解渴的同时,表达了主人的热情和留客叙谈之意。

(二)茶与婚俗

扬州八怪之一的郑板桥在一首《竹枝词》里曾描述了一位女子向心仪的小伙子表达爱意,请他到家吃茶的的情形:"溢江江口是奴家,郎若闲时来吃茶。黄土筑墙茅盖屋,门前一树紫荆花。"在我国许多地方,吃茶是与婚配直接相关的,最早唐贞观年间文成公主嫁于松赞干布的陪嫁品中有茶,随着唐宋饮茶之风日盛,茶叶逐渐进入婚俗中,成为婚俗中不可或缺的礼品。南宋吴自牧所著《梦梁录》中有"丰富之家,以珠翠、首饰、金器、销金裙及缎匹、茶饼,加以双羊牵送"的记载。《红楼梦》第二十五回中王熙凤送黛玉茶后,和黛玉说笑:"你既吃了我们家的茶,怎么还不给我们家做媳妇?"也正是表达了吃茶与婚配的直接相关。

茶之所以能融入婚俗,并且成为如此重要的角色,与其物理特质直接相关。明代许次纾《茶疏》中曾解释:"茶不移本,植必子生。古人结婚,必以茶为礼,取其不移植之意也。今人犹名其礼为下茶,亦曰吃茶。"另外,茶树多籽,寓意婚后多子多孙。可见,人们用茶表达了对婚姻忠贞不移、子息繁盛的美好祝愿。

现代生活中,茶在婚俗中依然显著的存在,只是在不同的地域中,茶所起的作用、所扮演的角色以及所被赋予的意义有所不同。有些地方称结婚为"受茶"或"吃茶",称订婚礼金为"茶金",彩礼为"茶礼"。有些地方在婚配的过程中有"三茶六礼"的习俗,"三茶"分别为"下茶"

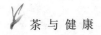
茶与健康

"受茶""合茶",分别代表男方提亲、女方同意和婚礼的举行,"六礼"指纳彩、问名、纳吉、纳征、请期、迎亲等婚配过程中的六个程序。由此,"三茶六礼"便成了"明媒正娶"的代名词。在浙江一带,婚礼中有"三道茶"的仪式,新人分别接过"白果茶""莲子红枣茶""清茶"三道茶,表示对神灵的感谢、父母的感恩以及夫妻恩爱的祈愿。此外,湖南有"吃和合茶""吃抬茶"的婚俗,江西有"喝新娘茶""喝新郎茶"的习俗,白族人在婚礼中有"闹茶"的习俗,侗族人有用"吃油茶"代表求婚的说法……幅员辽阔的土地上,精彩纷呈的婚俗中,茶通过不同的功用与意蕴融入到婚俗中,成为百姓幸福生活的见证。

(三)茶与丧俗

南北朝齐武帝是一个嗜茶之人,茶文化早期发展的一个推动者,他的遗书上曾记载他对自己丧礼的要求:"我灵上慎勿以牲为祭,唯设饼、茶饮、干饭、酒脯而已。"这也是文献中最早记载以茶为祭的事例。茶深入百姓生活,也逐渐进入了民俗中的丧葬礼仪,直到现代,我国许多地域的丧葬习俗中,依然使用茶表达对逝者的追思。

茶叶曾被作为随葬品,希望逝者在另一个世界仍然可以享用茶。另外,民间流传着"黄泉路上,走到孟婆亭一定会喝一碗孟婆汤,而忘记前生今世,甚至会误入迷津而受奴役,而茶可以解孟婆汤"的传说。就物理上而言,人们认为茶叶有清洁干燥等作用;随葬可以吸收墓穴的异味,从而有利于遗体的保存。或是给亡人手里放一包茶叶,或是为他做一个茶叶枕头,其寓意大致如此。

（四）茶与祭祀祈愿

祭祀可谓是中国民俗上极为严肃、神圣，而又日常的活动，祭天、祭地、祭佛、祭神、祭祖宗等，有传统节日便有祭祀活动。以茶祭祀，主要有三种形式：拿茶水来祭，用干茶叶为祭，或是用茶壶茶盅象征而祭。

许多茶叶产地的茶农常常在香案上供奉一把茶壶，以祈求平安兴旺。民间拜神时，也常常用"清茶四果"或是"三茶六酒"来供奉神灵，期望得到护佑。另外，在一些传统节日，亦有不同说法的祭祀茶，比如大年初一有"新年茶"，清明节有"清明茶"，中秋节有"中秋茶"等，寄托着百姓对生活吉祥、家庭幸福的祈望。

三、茶歌

茶歌是在茶叶生产与饮用的历史中，当茶叶融入人们日常生活后，文人与百姓共同创造的、具有民间特色的一种文化形态。唐代时，有些文人曾写歌行体的诗来歌颂茶，例如，陆羽的《六羡歌》，刘禹锡的《西山兰若试茶歌》和皎然的《茶歌》，但这些尚未开始流行于民间。到了宋朝，有《御苑采茶歌》"传在人口"的记载（宋·熊蕃《御苑采茶歌序》），可见亦有流传于民间的茶歌。

有的茶歌是文人创作而流传于民间，有的茶歌是茶农茶工有感而作，而无论源于哪里，大多数茶歌都清新活泼、真实形象，极具生活气息，同时又朗朗上口，受到人们的喜爱，有一些还融入了民俗生活，比

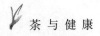
茶与健康

如婚礼闹洞房有《赞茶歌》,丧礼吊唁时有《哭茶歌》,节庆日亦有《庆茶歌》等。这里,以一首《盘茶歌》以飨读者:

正月盘茶正月花,家家户户红灯挂,点起灯笼迎新春,姑娘头戴水仙花。
二月盘茶二月花,门前喜鹊叫喳喳,喜鹊到来春也到,口衔一朵报春花。
三月盘茶三月花,后院竹笋齐出芽,二八大姐去挖笋,头上戴起蔷薇花。
四月盘茶四月花,二八大姐去采茶,一手拎着茶篓子,一手摘夺牡丹花。
五月盘茶五月花,五只龙船江上划,郎划头来姐划尾,两人划得水翻花。
六月盘茶六月花,天气炎热眼冒花,道上热煞推车汉,厨上热坏女儿家。
七月盘茶七月花,金黄谷子收到家,晒谷场上日夜忙,稻子甩得冒金花。
八月盘茶八月花,二八大姐捡棉花,前庄捡到西山沟,捡得头昏眼又花。
九月盘茶九月花,家家姑娘纺棉纱,纺锤纺得团团转,车盘摇成绣球花。
十月盘茶十月花,十月立冬小雪花,二八大姐去扫雪,头上戴起芙蓉花。
十一月盘茶十一月花,风吹树叶叫嘎嘎,鸿雁阵阵掠山过,屋后开出腊梅花。
十二月盘茶十二月花,弟弟送我去婆家,只要我郎真心好,哪要财主富豪家。

四、民间传说

与茶歌相对应,有关茶的民间传说,是茶文化融入民间百姓生活的又一个见证。我国产茶历史悠久,茶的品类众多,有关茶的传说也就随之丰富多彩,这些传说题材广泛,内容生动,具有地方特色与乡土气息,为茶增添了许多神秘的色彩,是一种茶与中国民间文化融合过程中产生的独特文化形态。

很多历史名茶或是贡茶都是有神话传说的,比如老竹大方、西湖龙井、黄山毛峰、铁观音、君山银针、凤凰单枞、碧螺春、白毫银针、庐山云雾、太平猴魁、白牡丹、大红袍等。这些传说或是诉说了茶名的来源,或是强调其茶品质绝佳,或是描述其茶树的来源,或是铭记刻骨的爱情,充满着民间温情。也有很多故事与皇帝或是神仙有关,在娓娓道来中,传递着一杯清茶中的深厚传统文化。

五、地域饮茶习俗

中国地域广阔、民族众多,因此便孕育出了不同形式与韵味的、具有地方或民族特色的饮茶习惯。从地域而言,成都有盖碗茶,北京有大碗茶,广东有"敬三茶",闽南有午时茶,德清有咸橙茶,安徽和江苏一带有七轩茶。从民族上来说,便更具独特性与代表性,并且与他们的饮食习惯相关,蒙古族与维吾尔族主要喝奶茶,回族、羌族喝罐罐茶,侗族、苗族、瑶族等民族喝油茶,而藏族多喝酥油茶。

第三节　健康生活方式的养成

何为健康?世界卫生组织对此的定义为:"健康是身体上、精神上和社会适应上的完好状态,而不仅仅是没有疾病或者不虚弱。"每个人都希望自己和家人健康,它是人们工作生活的基础,而保持一种健康状态,养成一种健康的生活方式,又是因人而异、非常个人化的。

一、东方传统健康观

阴阳五行说是我国古代朴素的哲学思想,也是中国传统养生的理论基础。阴阳和五行(金、木、水、火、土,见图 5.16)是抽象的形式化符号。人们在阴阳五行的理论基础上,来解释人体生理与病理的各种状况,指导人们的日常养生和医学临床实践活动。

图 5.16　五行生克示意图

中国古人观察人与自然、人与自身的关系,提出了以五脏为核心的五行循环和以气血沿经络循环的人体理论,其中五脏为肝、心、脾、肺、肾,五行为木、火、土、金、水。根据这个理论,人身体便是一个小的循环系统,阴阳调和、五行平衡之人方为健康之人,若阴阳五行失调,则健康便失。大体上,古人认为健康需要各大系统通畅、协调地运行方能获得。

二、当今西方健康观

早期西方健康观大多注重生理健康,随着社会的发展,现代西方健康观(见图 5.17)提出治疗疾病的同时,也要关注到社会、心理、精神、情绪等因素对健康的影响。也就是说,人体的健康不但与医疗系统对疾病的对抗相关,还包括个人的社会行为、教育理念、运动认知以及营养体系等因素。世界卫生组织给出了衡量健康的十项标准,包括精力充沛、处事乐观、态度积极、善于休息、适应能力强,对一般感冒与传染病有抵抗力,体重适当,眼睛明亮,牙齿清洁,头发有光泽,骨骼健康、皮肤有弹性、走路轻松等。加拿大卫生福利部部长 Marc Lalonde 曾在 1974 年写报告指出影响人类健康的因素主要有遗传、环境、医疗体制与生活方式 4 种,其中生活方式对健康的影响最大。之后,美国与日本均有学者对此 4 个因素对疾病与死亡的关系进行分析,发现其中生活方式与人类健康的关系最为密切。

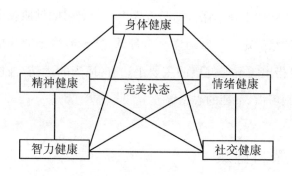

图 5.17 西方健康观示意图

三、亚健康的蔓延

随着科学技术的普及与发展,中国进入了一个快速节奏的信息化时代,竞争激烈,知识更新速度过快,体力脑力透支等现象遍布社会各个角落。交通拥挤,住房紧张,竞争激烈,人际关系复杂,生活节奏加快,环境污染,以及精神空虚、压抑、寂寞,缺乏安全感与信任感,神经紧张等问题,致使"亚健康"也油然成为时尚,而"郁闷"成为人们的口头禅。亚健康指介于疾病与健康的一种中间状态,常常以疲惫感、失眠、情绪不稳定、记忆力减退、精神难以集中、食欲下降等为主要症状,若长期处于亚健康状态,便极有可能向某些疾病发展。当前,人们对于自己生活的反省,以及对健康生活方式的认知,大都处于极度的漠然与无知状态。

现代生活中,威胁人体健康的行为很多,除了饮食习惯外,还包括不健康的生活方式,比如抽烟、喝酒等,而坐式生活方式对健康的威胁最具有普遍性,由此而引起的运动缺乏症正侵蚀着许多都市白领的健康。苏联医学博士兹与诺夫斯基曾提出一个著名的健康长寿公式:健康长寿=情绪稳定+经常运动+合理饮食-(懒惰+酒+烟)。与此同时,研究指出缓解亚健康的主要手法有:适当的运动,合理的饮食,良好的睡眠习惯,平衡的心态等。

四、茶与健康

对于今天中国的大学生们和白领阶层,我们的健康建议是:多运动出汗+保证充足的睡眠,另外,(无污染、高品质的)绿茶也是我们十分推荐的饮品(见图5.18)。

图5.18 "吉祥"印章

从物理角度分析,茶对人体的健康与疾病的防御有多重的积极作用,东汉的《神农本草经》、唐代的《本草拾遗》、明代的《茶谱》,以及关于茶叶的世界三部经典著作陆羽的《茶经》、荣西的《吃茶养生记》、威廉·乌克斯的《茶叶全书》中,

第五章 茶艺与生活

对茶叶的药用功效都有明确的记载。近代研究表明,饮茶可以补充人体需要的多种维生素、蛋白质、氨基酸以及矿物质元素,此外,茶叶还具有有助于延缓衰老、抑制心血管疾病、预防辐射伤害、醒脑提神、利尿解乏、降脂助消化以及护齿明目等对人体的健康有积极意义的功效。与咖啡和可可相比,茶的刺激性更小,显得更加温和,提神功效也更为显著。

另一方面来讲,茶作为一种天然、健康的饮品,其功效很难"抵御"人们在日常生活中受到的刺激或"伤害"。饮茶可以作为构建健康生活方式的一个契入口,提醒我们更自觉地反省和改造我们的生活方式,构建高雅精致生活。茶有着静寂的品质,有着和敬清寂的精神内涵,是让人在浮躁的社会中安静下来的一杯助力,是人们通往和谐生活的一道桥梁,是思考人生反省自我中的一缕清香,是去除烦躁找寻本真的一种辅力。茶是活的,是有灵性的,把一杯清茶当作挚友,当作知己,细细地品味,从小小的一杯茶中体会其中所蕴含的无穷趣味,所包含的一种更加淡然和宽松的生活态度。静下心来,以平和放松的心态与清茶为伴,反思自己的生活方式,找寻自己内心与身体的真实需求,从而建立合理的运动、饮食、睡眠习惯,从而逐渐养成一种健康的生活方式。

在物质文明高速发展的当代,茶及其精神内涵的推广可让人们重新考量与用心体味中国传统文化的可爱、可敬之处,构建健康与高雅的生活方式,放宽心胸,反省自我,找寻出内心真实的幸福,建设互信互助、有安全感与宁静心的和谐社会。一杯清茶,是闲暇中的人生财富,孤独中的最大自由,是平和中的高尚生活。这才是作者推崇中国茶艺、推崇中国传统文化的目的所在。

第四节　一杯清茶之精神贵族

一、茶与精神贵族

茶在中国的发展与传播离不开一个重要阶层——文人士大夫的贡献,他们服膺孔子的教诲,重视养成君子的品质;茶在海外的传播同样离不开"贵族"阶层的贡献,如日本的荣西和尚、英国的凯瑟琳皇后等。我们今天笼统地称这样一群人为"精神贵族",不是因为他们的经济与社会地位,而是看重他们具有独立的判断能力,能够真实地对茶的品质和功效给出判断,是茶的真正的知音。他们的内在精神品质,是值得我们注意和学习的。

古今中外的教育,其形式和内容差异很大,却有共通的东西。孔子之前的周公创立了完备的教育制度,培养宗法社会下的贵族阶层。孔子根据"名分大义",开创了"君子"的教育,确立了中国古代几千年的教育精神。古代欧洲的教育是针对贵族阶层的,其教育内容在今天西方的贵族学校中还可以看到一些风貌。大体上,我们可以认为历来的教育更多是强调人格教育,而非技能训练,正如爱因斯坦在《论教育》中所说:"另一方面,我想反对另一观念,即学校应该教那些今后生活中将直接用到的特定知识和技能。生活中的要求太多样化了,使得在学校里进行这种专门训练毫无可能。除此之外,我更认为应该反对把个人像无生命的工具一样对待。学校应该永远以此为目标:学生离开学校时是一个和谐的人,而不是一个专家。我认为在某种意义上,这对于那些培养将来从事较确定的职业的技术学校也适用。被放在首要位置的永远应该是独立思考和判断的总体能力的培养,而不是获取特定的知识。如果一个人掌握了某一学科的基本原理,并学会了如何独立地思考和工作,他将肯定会找到属于他的道路。除此之外,与那些接受的训练主要只包括获取详细知识的人相比,他更加能够使自己适应进步和变化。"

二、西方的贵族精神

何为贵族精神?回观西方社会史与思想史,包括尼采、但丁、罗素在内的思想家与哲学家并未给予这个名词确切的定义,更多的是阐释了贵族精神所蕴含的精神内涵。民国著名新闻工作者、评论家储安平在其《英国采风录》中记述了他对英国贵族的观察与理解:"凡是一个真正的贵族绅士,他们都看不起金钱……英国人以为一个真正的贵族绅士是一个真正高贵的人,正直、不偏私、不畏难,甚至能为了他人而牺牲自己,他不仅仅是一个有荣誉的,而且是一个有良知的人。"

(一)责任与使命感

在西方贵族的历史发展与精神孕育中,最为重要的便是责任、担当、使命。欧洲的贵族自发源初期,便蕴含着为国家、为社会、为平民承担责任的精神品质，最突出的表现便是战争时代贵族们的身先士卒，死而后已。

　　第一次世界大战中，约有600万成年男子奔赴战场，其死亡率为12.5%，而贵族的死亡率为20%，而贵族学校伊顿公学参战贵族子弟的死亡率高达45%，贵族出身的他们在国家需要的时候，英勇地献出生命，并以此为荣。因打败拿破仑而闻名世界的威灵顿将军也是伊顿公学的毕业生，当他冒着炮火在前线时，多次被劝说离开而岿然不动时，参谋人员曾问他："万一您阵亡了，有什么遗言？"威灵顿将军的回答是："告诉他们，我的遗言就是像我一样站在这里。"如今，英国贵族依然延续着这种为国家奉献的贵族精神：查尔斯王储曾在英国皇家空军与皇家海军中服役；安德鲁王子从1979年参军后度过了21年的军旅生活，曾在英国与阿根廷的马岛战役中驾驶直升机完成任务并帮助伤员撤离；威廉王子与哈里王子也曾在军队服役，哈里王子还曾作为一名机枪手被派往阿富汗前线。高贵的出身，危险的前线，他们依然传承着贵族为国家奉献的精神。

　　与此同时，伊顿公学也保留着贵族教育的传统，所有在校学生必须接受严格的军事化管束与磨炼，硬板床，粗茶淡饭，自己缝扣子、熨衣服，在统一的起居、就餐、锻炼、娱乐中培养责任感、奉献、自律、对社会的担当，以及团队合作意识。

　　因为对社会的责任感，真正的贵族一定具有以强大精神力量为后盾的自制力，这是长期熏陶出来的一种良好教养，无意识中影响自己一言一行的道德行为底线和处世态度。

第五章 茶艺与生活

（二）教养与文明

富有教养和文明的行为举止是贵族精神最表象的体现，正是当下中国社会所极其缺少的。表面上而言，这是优雅的谈吐，文明的举止，对公共秩序的遵守，不打扰他人，对衣着的关注，礼貌用语的使用等日常行为规范，而体现的是一个人内在的道德水准，对他人的尊重，对社会的责任感，以及人本关怀。

（三）尊重与谦和

尊重包含着自尊、尊重他人、尊重事物的多位一体的含义。尼采认为贵族最重要的精神之一便是自尊，是一种深入骨髓的潜意识与原则精神，是宁死不屈的一种浩然正气。同时，贵族精神包含了对他人的尊重与谦和的态度，第二次世界大战时，当时的英国国王爱德华到伦敦贫民窟视察，他站在一间破烂不堪的房子面前，尊敬地对一贫如洗的老太太问道："请问我可以进来么？"这才是贵族精神最平凡的表现。

（四）规则与风度

讲求规则，以及在原则下的风度展现，亦是贵族精神的重要内涵。1135年，英格兰诺曼底王朝国王亨利一世去世，其外甥斯蒂芬与外孙亨利二世争夺王位，外甥斯蒂芬捷足先登继承了王位，便引起了王位争夺的战争，而亨利二世在攻打斯蒂芬的途中发现物资准备不足，便向斯蒂芬写求援信，斯蒂芬果然慷慨解囊资助自己的对手。后来，亨

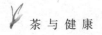 茶 与 健 康

利二世又一次发动战争,并打败了斯蒂芬,但是他并没有把斯蒂芬从王位上赶下来或是杀死,而是签订了"百年之后由亨利二世继承王位"的合约。美国南北战争中,南方军队即将面对失败的时候,有人向最高统帅罗伯特·李将军建议把军队分散到百姓家中,以保存实力,而将军坚决拒绝了这个提议,他认为战争是军人的职责,不能转嫁于无辜老百姓,如果自己的生命能换取百姓的安宁,他愿从容赴死。1865年春天,李将军置个人荣辱与生死于不顾,在阿伯马托克斯向对手格兰特将军投降,他唯一的要求便是要求北军善待他的士兵。而北部的领袖林肯总统也表现出了一种贵族的气质与风度,使李将军有尊严地回到南部庄园,从而开启了美国现代民主政治。

(五)尊严与荣誉

法国政治学家托克维尔曾说贵族精神的实质是荣誉。储安平的《英国采风录》中则提到:"英国老百姓普遍认为,贵族精神代表了一种尊严,一种高超的品行。"欧洲贵族曾有约定俗成,贵族之间发生纠纷,要为家族荣誉而决斗。荣誉就代表着国家与社会对这个家族的认可与肯定,贵族中的每个人都极为珍视各自家族的荣誉,个人的品行亦和家族的荣誉密切相关。决斗作为贵族解决争端的一种行为模式,表现了个人尊严的重要性,普希金、莱蒙托夫等伟大的诗人都死于决斗,表现出贵族精神中一个重要的理念:尊严大于生命。

(六)低调与自知

无边际的吹嘘、无聊的攀比以及无止境的虚荣是个体在精神匮乏

时期的一种逆反表现,因为缺少,所以强调。一个具有贵族气质的人,一定是精神饱满、内心充实的人,因为自信,所以平实而低调。真实的低调是在自尊自信的基础上,有自知之明的一种体现,丰富的学识、良好的教养,让一个人知道世界的宽度、历史的长度,从而能清晰地认识到自己在社会中的位置,在顺其自然中省略了夸耀与高调,进而自觉反省,不断修正与完善自我。

三、一杯清茶之精神贵族

茶本身含有丰富的精神内涵,有生活,有美学,也有哲学,是中国传统文化思想的载体,蕴含着自由的精神,优良的教养,文明的行为举止,谦和的秉性,雅士的风度以及清澈见底的低调与自觉。茶艺课程是一个自我教育的过程,我们希望喝茶人是"精神的贵族",或者培养自己做"精神贵族"。一杯清茶相伴,培养自己高贵的品性,不放弃一分一秒,将自己从家庭或者社会上习得的不好的情绪和习惯褪掉,做一个可以担当家庭和社会责任的有用之人。

中科大的"茶与健康"课程,在轻声轻步、茶杯整洁整齐放置的日常行为规范中,在忘却尘虑的古琴声中,在书画的古朴陈列中,在学生们的轻松交谈中,在茶叶的缕缕清香中,在中科大人的简单本真中,希望能够留一点空间和自觉给每个学生,让学生们在安静与谈笑之间养成一点从容和自信的气质与品格,不盲从,不偏执,找准自己的体验和判断,并将这些体验渗透到生活的点滴中去。

第六章 茶与健康课程实践

第一节 品　茶

在"茶与健康"课程中,喝茶是每节课最基本的内容。学期开始,每位同学可以领取一副普通的白瓷"三才"盖碗(见图6.1),将其认真洗干净,作为未来茶艺课程的主要茶具。每一节茶艺课则可简单地分为:取茶具—洗茶具—烧水—分茶—冲泡—品茶—评茶—讲茶—洗茶

图6.1　绿茶的冲泡

第六章 茶与健康课程实践

具—将茶具放回原位。

通常每次课程,大家可以品尝1~2种不同的茶叶。以绿茶为主,常见的有大洋湖(黄山)毛峰、太平猴魁、溪口高山茶,多属于安徽茶,偶尔也有西湖龙井以及四川的绿茶。红茶中既有安徽泾县的红茶,也有云南的"滇红",偶尔也会有国外生产的红茶,如土耳其红茶。还有乌龙茶,如铁观音,值得一提的是一种陈年的铁观音(大约已经储存有20年以上),其茶汤与红茶仿佛,耐泡程度也比很多乌龙茶要好。另外还有云南有名的普洱茶等。

大体上说来,绿茶属于不发酵茶,红茶和普洱茶属于完全发酵茶,而乌龙茶则介于两者之间,算是半发酵茶,其口味也可随其发酵程度的变化或偏于绿茶,或偏于完全发酵茶。当然,各种茶叶滋味万千,需要饮茶之人自己体味其口味,才能真实地进行比较。

喝茶过程中,需要关注的有水温是否合适(温度不够的话,茶会泡不开,而且一般完全发酵茶和半发酵茶对温度的要求也略高一些),泡的时间是否合适(时间太短,茶的滋味不足;时间太长,味道也似乎有些过头)等关系到茶的当下滋味的因素。至于喝茶的仪轨,我们并不刻意强调。日本茶道以"和敬清寂"的精神为旨归,尚保留着相对较好的风范,但其程序却也不一定需要照搬回来,因为它与我们茶艺课的旨趣并不相同。希望我们自己本着"喝一口好茶"的目的去探寻,真实地享受茶带来的快乐,逐步养成一种轻松风雅的茶艺氛围。

对今天的中国人来说,喝到一口好茶越来越困难。社会批量生产的茶叶往往不可避免地受到了化肥和农药的污染,采茶也由一季春茶变为多季多次采摘,造成茶叶的品质和耐泡程度降低。此时,一些茶

茶与健康

农自家采摘、炒制的野茶(见图 6.2～6.5,作者亲自采摘并制作绿茶),虽然形状可能不太好看,反而成为难得的好茶了。另外,西方人喝茶有喝"拼配茶"的习惯,我们则建议喝单一的茶,品尝其最天然的味道。

图 6.2　鲜叶

图 6.3　炒茶

第六章 茶与健康课程实践

图 6.4　成品茶

图 6.5　茶汤

第二节　听　　琴

在中国古人的生活中,品茗与焚香、听琴等常常相依相伴。相对于今日人们紧张繁复的生活节奏来说,焚香与听琴似乎都离我们太远。而在茶艺课堂里,偶尔地掺入听琴这样的项目也属难得的机缘。

相比于西方的交响音乐,中国的传统乐器更简单一些,且以独奏为多。在中国古代,"琴、棋、书、画"历来是文人雅士修身养性的重要途径。古琴因其清、和、淡、雅的音乐品格寄寓了文人风凌傲骨、超凡脱俗的处世心态。"琴者,情也。琴者,禁也。"吹箫抚琴、吟诗作画、登高远游、对酒当歌成为文人士大夫生活的生动写照(见图 6.6)。春秋时期,孔子酷爱弹琴,在平时生活中,甚至在受困于陈蔡时,依然是操琴弦歌之声不绝。魏晋时期的嵇康给予古琴"众器之中,琴德最优"的至高评价,甚至在临刑前弹奏《广陵散》作为生命的绝唱。日本小说《源氏物语》中,对于中国文化极尽赞叹,对于贵族生活中抚琴等音乐活动也写得极美。

图 6.6 宋代《听琴图》

不过时至今日,我们更多地欣赏积极进取的人生态度,认为古琴这样的音乐或显颓废和萧瑟,而古琴似乎也逐渐淡出今天的"文人士大夫"的生活之中。然而"余音绕梁",古琴还是受到一些人的喜欢和学习,即在中科大的学生中,也有着古琴的爱好者,只需学习三五支曲子,如《极乐吟》《玉楼春晓》《阳关三叠》等,也就可以简单地演奏了,既可自娱,也可演奏给茶艺班的其他同学听,倒也有些清和淡雅的味道。看来古琴离我们并不遥远。

第三节 运 动

大致看来,饮茶和运动可能没有什么直接的关联。不过对于"茶与健康"课程来说,适当的形体运动项目也是合适的,特别一些有氧运动项目值得推荐给大家。在一个学期的课程中,我们可能会找一次课的时间让学生们到操场上去走或者跑个10圈(约4公里)。因为对于中国的学生来说,这些最简单的形体运动或者说是体育锻炼常常很缺乏。让学生们体验运动,看似与茶艺课程毫无关系,但也重在学生们的"自觉"。

常见的有氧运动项目有步行、快走、慢跑、竞走、滑冰、长距离游泳、骑自行车、打太极拳、跳健身舞、跳绳/做韵律操、球类运动等。有氧运动特点是强度低、有节奏、不中断和持续时间长,同举重、赛跑、跳高、跳远、投掷等具有爆发性的非有氧运动相比较,有氧运动是一种恒常运动,是持续5分钟以上还有余力的运动。

这些有氧运动,一般来说是由西方人传入中国的健身方式,操作简单,而且有些项目具有很好的娱乐性,值得我们去尝试、体验和坚持,尤其对于脑力劳动者更是如此。其实,中国古人也有类似的"有氧运动",如相传华佗发明的"五禽戏",模仿虎、鹤、熊、鹿、猿五种动物的

行为来达到运动的效果。其他如太极拳、武术等,在某些方面也可起到类似的效果。

第四节 谈 天

"谈天"意为闲聊、闲谈,古时也用来指以天人感应来解释自然与人事的关系。魏晋时期人们有"清谈"的风气。品茶之时,人们多伴以谈天,其内容则海阔天空,无所不包。有副对联是关于当今大学生之间的闲聊的:"无权无钱无地位,谈天谈地谈女人。"大学生尚未步入社会,然而却青春飞扬。没有权,但是可以努力;没有钱,但是可以惜物;没有地位,但是可以保持思想的独立。而谈天,海阔天空,可以开心;谈地,可以踏踏实实;谈女人,这正是青春的色彩。

古代高僧和文人之间的交流,常常是充满机锋和幽默的。比如《世说新语》中的一些记载,比如一些禅宗公案的记录,只是日常闲聊,却常常出人意料。在外人看来并不容易了解,而当事人却可默契于心。按照佛教的记载,有一次大梵天王在灵鹫山上请佛祖释迦牟尼说法。大梵天王率众人把一朵金婆罗花献给佛祖,隆重行礼之后大家退坐一旁。佛祖拈起一朵金婆罗花,意态安详,却一句话也不说。大家都不明白他的意思,面面相觑,唯有摩诃迦叶破颜轻轻一笑。佛祖当即宣布:"吾有正法眼藏,涅槃妙心,实相无相,微妙法门,不立文字,教外别传。付嘱摩诃迦叶。"便完成了禅宗的传授。迦叶是禅宗的初祖,其后传至二十八世祖达摩。达摩一苇渡江,终于使禅宗在中国生根发芽。达摩也就成为中国禅宗的初祖。

我们也不妨关注一下自己的日常生活中,周围同学或者老师,抑或者家人之间的聊天中,更多的是关心哪些内容。大家的交流是否明白通畅且有趣味。大家在表意的过程中是否大方而得体。按照当今社会发展的要求来讲,表达与沟通也是我们应当关注的一门学问。

第五节　阅　　读

阅读的习惯一直是大家在提倡的,理工科的学生也喜欢阅读一些中国传统文化的读物。但是对于习惯于白话文的当代人来说,阅读传统的典籍已经有相当的困难。所以,有些人正在提倡"儿童读经",从传统的《三字经》《百家姓》《千字文》《千家诗》等开始。我们的茶艺课程也有几本推荐的课外读物,可读可不读,完全看学生自己的安排,远非茶艺课程的要求了。

一、《黄帝内经》

人们通常将它列入中医的书,这主要是根据现代科学分类的习惯所作的归属,当然也很符合实际。其实在中国古代对一个读书人的要求,大的方面讲是"一事不知,儒者之耻",略小一点讲则是要求读书人要通"命理""医理"和"地理",这样才能做到孝养父母和自我修养。《黄帝内经》正是这样一门关乎人们身心、性命、修养的学问。其全书分为《素问》和《灵枢》两大部分,《素问》部分偏重于日常修养的一些道理,而《灵枢》则针对一些实际的问题(疾病)提出了解决方法。其成书很早,文字虽是古文,倒还算简单明白,下一些功夫,还是可以了解一些的。

二、《六祖坛经》

佛教中称得上"经"的多是释迦牟尼佛亲自所说(见图 6.7),而《六祖坛经》,亦称《坛经》,则是我国禅宗六祖慧能所说。《坛经》对禅宗乃至中国佛教的发展起了重要作用,中国佛教著作被尊称为"经"的,仅此一部。慧能(638～713 年),俗姓卢氏,河北燕山人(今河北省涿州

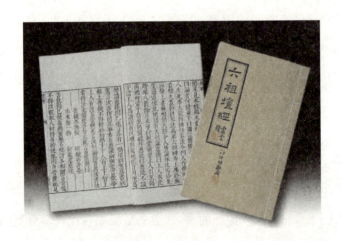

图 6.7 《六祖坛经》

市),生于岭南新州(今广东省新兴县),得黄梅五祖弘忍传授衣钵,为禅宗第六祖,唐中宗追谥为大鉴禅师,是中国历史上有重大影响的佛教高僧之一。惠能父亲名卢行瑫,早逝,母李氏,他自幼以卖柴为生,不识文字,然而却至今得到人们的景仰。关于六祖一生生平,求法得道的经过以及日常的说法和行止,在《坛经》中都有较详细的叙述。《坛经》为语录体,多使用唐时人们的日常用语,文句简朴而优美,今人读来并无太多文辞上的难度。

三、沈从文

作为一个近现代的小说家,沈从文(1902~1988年)并没有受过很好的教育(见图6.8)。他十五岁当兵,五年行旅生涯,大部分时间辗转于湘西沅水流域。他自认其知识和智慧更多是自然和人生这部大书

图6.8 青年沈从文

给他的。他的大部分小说是描写湘西人原始、自然的生命形式,在那样一个混乱的年代里,他的作品中总透着对故乡浓浓的温情,令人神

往。代表作品有中篇小说《边城》,还有许多短篇小说集。

四、钱穆

钱穆(1895~1990年)是中国现代历史学家(见图6.9),江苏无锡七房桥人。他一生致力于中国传统文化的讲学和著述,一生著作丰富,共有1700多万字的史学和文化学著作。他学问所涉及的面也很宽广,是一位"杂家"。代表作品有《国史大纲》《晚学盲言》《湖上闲思录》等。以《晚学盲言》为例,其文风通达流畅,娓娓道来,对中国传统文化中的一些基本观念进行了阐述,而且经常与西方学术的发展脉络进行比较研究,是人们了解中国传统文化的一本较好的读物。

图6.9 钱穆

五、梁漱溟

梁漱溟(1893～1988 年)是现代著名思想家、社会活动家(见图 6.10),出身于"世代诗礼仁宦"家庭。二十岁起潜心于佛学研究,后又逐步转向了儒学。梁漱溟一生有着自己独特的治学路径,他自己也经常谈及,主要是面向问题的独立思考,而他立身处世的独立和恒一更是受到人们的尊敬。他的主要著作有《人心与人生》《中国文化要义》《东西文化及其哲学》《印度哲学概论》《中国民族自救运动之最后觉悟》《乡村建设理论》《我的自学小史》等。

图 6.10　梁漱溟

茶与健康

第六节 饮 食

民以食为天。饮食是人们生活中的一件大事。每个家庭往往会有自己的饮食习惯,大家习以为常。进入大学,同学们往往来自五湖四海,而每个人的家乡都有其特有的饮食风格和特产。中国作为一个餐饮大国,长期以来由于地理环境、气候物产、文化传统以及民族习俗等因素的影响,逐渐形成了有一定亲缘承袭关系、菜点风味相近、知名度较高,并为各地群众所喜爱的著名菜系,如粤菜、川菜、鲁菜、苏菜、浙菜、闽菜、湘菜、徽菜等。这些菜系的划分,基本上是以地域或者风味来划分的,强调的是饮食之人对饮食的直觉。在中国古老的典籍《中庸》上也说"人莫不饮食也,鲜能知味也",可见,中国人自古就重视饮食的滋味。

西方文化传入后,"科学饮食"(见图6.11)的观念已经深入人心。西方是一种理性的、讲求科学的饮食观念。他们强调饮食的营养成分,注重食物所含蛋白质、脂肪、热量和维生素的多少,特别讲究食物的营养成分含量是否搭配适宜,卡路里(热量)的供给是否恰到好处,以及这些营养成分是否能为进食者充分吸收,有无其他副作用,尽量保持食物的原汁和天然营养,而不追求食物的色、香、味、形的完美。这一点可以在如今的竞技体育运动员的食谱安排中看到。他们很少或几乎不把饮食与精神享受联系起来,在饮食上反映出一种强烈的实用目的。西方人重视饮食的营养价值,并采用了一种更科学、规范和合理的方式。如他们的中小学校都配有营养师,以保证青少年的营养充足和平衡。这种科学化、理性化的饮食观念,也是值得中餐借鉴的。

图 6.11　现代科学饮食结构示意图

作为今天的大学生,或者扩而充之,作为今天的中国人,关注自己的饮食及饮食习惯,也是不可或缺的功课之一。然而如何切入这一领域,从风味的角度,还是从营养成分的角度,则需要我们仁者见仁,智者见智,好自为之了。顺便一提的是,我们之所以在今天提倡绿茶,也有基于当下中国人饮食结构中油腻成分太多的考虑。

附录　学生作品选录

记　油　茶

PB01007003　常海军

期末日益逼近,意味着我该交论文了。开始时我就交了一篇关于《六祖坛经》的文章,但字数未达到一千五百字,恐怕会影响分数,只好硬着头皮再挤些文字了,希望可以达到一千五百字的指标。

不能去抄别人的文章,那是对他人、对自己、对老师的侮辱。自己写,却又难免流于千篇一律的形式。想来想去,只好谈一些家乡的特产了。

老师在一堂课上曾讲过中国名茶,其中谈到了青藏高原上的酥油茶。为了御寒取暖,藏区人民用这种油脂量大的食物,其原料好像是牦牛油吧。好像老师还说过,不常喝的人还真喝不下去。

无独有偶,今天我来谈一谈我们家乡的油茶。我的家乡是山西省柳林县,黄河边上的一个小县。黄土高原的冬天,也是非常寒冷的。每到冬天,尤其是腊月里和正月里,家家户户都制一些油茶面,早上冲油茶喝。

　　先谈一下茶面的制作过程。首先是原料——羊油。动物油一般都是固态的。称上些(比如说半斤)羊油放于锅内,在灶上慢慢化开,要轻轻搅拌,防止油溅出来。羊油完全化开后,将白面慢慢打到锅内,用铲子翻来覆去地搅拌。面里要加入适当的盐,面与油的比例也要适当。这样不停地用铲子翻搅,直到看到面粉已变为一种熟黄色。这个火候一般人还掌握不好。真的高手,能把面炒成一种看起来非常匀净的熟黄,既不焦,又不淡。炒好之后,把锅从灶上取下,搅上几下,免得面粘在锅上,然后让它自然冷却。于是呢,油茶面制成了。注意,这可不是面条,而是面粉状的。

　　等到天寒的时候,你想喝油茶御寒。好的,取一个小锅,放进去两勺茶面,加上适当的盐(根据你的需要酌量加入),加入半锅或更多一些水,放在灶上,边搅拌边加热。这个做茶的过程我们那儿有个专有称谓,叫做"打油茶",可能跟"打鸡蛋"的"打"差不多理解吧。对了,如果你愿意,还可在锅内打入几个鸡蛋。如果火快的话,大约1分钟,一锅热腾腾的油茶就制好了。

　　接下去的一个程序,当然是喝了。虽说只是一个字,但确实有很多讲究。第一,要用勺子而不能直接用嘴吸。因为油茶油脂很高,表面的那一层"皮"将内外完全隔开了。虽然外面看起来不冒气,但内部温度却很高。若贸然去喝,必然烫嘴。喝的时候,用勺子轻轻地把表面那一层掠到勺内,不是很烫,可以喝。继续掠"皮"……这样一层层地扒皮。很快就喝完了。茶的味道一般都略咸,且带一种别具一格的香。喝一碗茶,有时甚至于热得想脱一件衣服呢。经常人们把油茶作

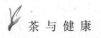
茶 与 健 康

早点,向里面加一些馒头片、芝麻饼块,吃起来,有滋有味。

这就是我家乡的油茶。笨嘴笨舌说了这么多,我想我可能还没有说明白。油茶虽然不能跻身于中国名茶之列,但其制作简易,味美多热,也算是丰富了中华民族的食库吧。耳听为虚,眼见为实,品尝更优,何不往山西柳林一游?

由 水 到 茶

PB02206110 马成城

我从小就喜欢喝白开水,喝到现在,整整十九年。每天早上起来抱着水壶美美地喝上一大口,新的一天就此开始;临睡前捧着水壶习惯性地一口一口地灌下去,每灌一口都深吸一口气,越喝越觉得水甜、越想喝,要是一不留心喝多了,第二天眼睛准会肿得跟金鱼似的,同学问起来,开玩笑说是被马蜂蜇的,也居然有人信。

我不喜欢纯净水,除非上体育课没水喝,跑去买一瓶解渴而已;我讨厌喝自来水,有一股极大的氯气味道,水管生锈时,水还是黄的;高中时学校里安装饮水机,学校水房统一供水,倒出来的水到喉咙里觉着老大的一股塑料味,没水喝时也只能将就;我不喝茶,因为我属于比较容易兴奋的人,中午不用睡午觉,喝了茶,晚上睡不着。到别人家去作客时,我尽量不喝茶,也许是不习惯吧,总觉得茶的味道太苦、太重。

我有一套自己的白开水理论,把白开水用冰箱冰过之后,再喝会觉得水变甜了,口渴时不直接喝凉水,加一点热水到 20 ℃左右,喝起来更能解渴。有一阵子流行用沸古,放在水壶里煮,用半个月左右,觉着煮出来的白开水又是一种滋味,就连喝牛奶时我也喜欢用光明牛奶兑白开水,2∶1,喝起来的味道真是不错,特反感学校食堂早上卖的豆奶,一煮就一大缸子,喝起来什么味道都没有,还不及白开水的味道好。

虽然不喝茶,但平时处处能看到茶的影子。表哥瘦得跟竹竿似的,据说就是因为每天早上起来喝一大杯浓茶,把肠道中的仅剩的一点脂肪都"冲"走了,因此怎么也胖不起来,隔壁的大爷用茶水洗脚,说这些茶水再加上一些盐,就可以抑制脚气,防止脚臭。临近考试,同学们一个个杯子中都开始出现这种深色液体,而且底部的沉积量以"几何级数"增长。用茶叶制成的药枕,家里也有一个,只觉得特别香,躺在上面不知不觉睡意酣浓,一会儿就进入了甜美的梦乡⋯⋯

可以说,我对茶是一窍不通的了,那天听老师上课时讲了《茶经》,有很多问题恍然大悟。我老家在江苏苏州,太湖中的西山岛是我祖父母长大的地方,现在还有一个姑姑常住那里。每到茶叶上市的时候她都要给我们捎茶,一种很有名的茶——碧螺春,用当地的方言说是吓煞人香,据传是乾隆皇帝下江南时嫌此名太俗,故赐名"碧螺春",听姑姑说这茶是在刚下了什么第一场雨后亲自上山去采的,是最好的那一种。当时我也只是听得云里雾里,并不知道有雀舌,有什么优劣之分,听老师说了以后才知道原来有这么多讲究,以前只知道是什么第一次采摘,然后在茶厂里加工以后,用盒子装了捎过来。那时只记得老爸会很认真地将瓷杯洗干净,把水烧开,一个人坐在桌旁,享受大半天,水里的细螺状的碧丝渐渐化开,旋转出沁人的绿,空气中有一股幽幽的茶香在弥漫,占据了整个屋子。记得有一次路过超市,看到有碧螺春卖,进去一

茶与健康

看价钱,十分惊讶,从此以后我就对茶叶的贵深有印象了。

　　过年时亲友来往,印象最深的就是初五,这天外公外婆会在招待客人时泡一种特别的茶。外公外婆是长沙人,我想这大概是长沙的风俗吧。茶里有一枚红枣,几颗枸杞,好像还可以加一些其他的,像莲子心,不过我看别人家里就随便得多了,倒上一杯茶就捧上来,并没有太多的讲究,每到这时家里都是坐得满满的人,天南地北的人聚到一起,捧着一盏热茶,打开了话匣子,热闹非凡。一年来遇到的新鲜事——痛快的、不痛快的,说出来都是趣,走南闯北的,一路上的艰辛苦乐,都能侃上好大一阵子,更别提多年未见的亲友那热乎劲了。一屋子茶香弥漫、一屋子笑声正浓。这时候我们这些小辈往往就只有睁大眼睛在旁静静地听的份了;茶一年年照旧,人一年年长大,看得多了,听得多了,慢慢地也就不吵着要放爆竹,争着抢糖,慢慢地体会人生,像品茶一样,从人们的喜乐悲欢之中,慢慢地体会到做人的道理,做人的艺术。从一个个看似不起眼的故事之中,品味出人生的意义,点滴的积累,岁月就在不知不觉中走过了昨天,进行着现在而又期待着明天。

　　谈到茶,一直有一件事深藏在心底,让我觉得内疚。前几天刚过了祖父的周年忌辰,整整一年了,他的形象还那样清晰地印在我的脑海里。他是一位慈爱、和蔼的老人,祖母去世很早,他一个人住在原来的老房里。坚持看书、写日记,早上锻炼身体,我在外地读书,平时一两年也难有一次见面的机会,前年寒假他住在我们家里,期间由于食道癌的恶化,已做过一次手术,身体还在恢复之中,但他的意志是那样的顽强、乐观,仍然早起锻炼、看书看报,晚上我与他同睡,常常由于他声音太大而睡不好。一天中午,他叫我帮他倒茶,我当时就起身到厨房里拿出茶叶，倒上开水，想也没想就把茶递了过去，当我手里拿着茶杯递给他时，他一看就生气了，讲我对长辈不礼貌，接过茶杯就更气了，说我的水太烫了，怎么能喝。于是我重新给他沏上一杯，老老实实地端上去，现在想起来，的确是自己做得不对。然而就是在高考的前一个月，突然听到他病重的消息，我的心也一沉，以前的任性、无知都在那一刹那间变成了悔恨，我抱着不久之前收到他给我寄的综合科目考试指导，泪水止不住地流，然而泪水终究不能挽留他离去的脚步，他走了，走得那样突然，他说他一定会活过90，他猜到自己的病，虽然大家都没敢告诉他，他走得那样突然，我为自己不能好好孝顺他而自责，为自己的任性和不懂事而难过。其实有些人你想下次一定能再见的，有些话你想下次一定会有机会说的，有些事你想明天一定会有机会做的；但是一到了明天，世界就不再是原来的样子。一转眼，有的人就在你不经意之间离你而去，一转身，有些话就再也没有机会开口了，一瞬间，有些事就将成为永恒，人不能永远活在过去，世事的变迁总是让我们无奈，人生的残酷让人无奈，然而这正是它的真实。所以，把握现在，虽然只是一杯茶，一个微笑，试着去关怀他人，温暖自己。努力让生活充实，活着没有遗憾，多些时间与人分享，分享快乐，承担痛苦；就算是一杯茶，一个微笑，也是一份心意，一份沟通的快乐；学会善待自己，善待他人，用一杯茶，一个微笑，开启一扇门，一扇心门，尽情地呼吸新鲜的空气，感受人生的真谛，不要总想着机会还有很多，以后还可以再来，像一首歌中唱到的那样："有多少爱可以重来，有多少人愿意等待……"

正想着，对面寝室的同学闯进了进来，原来他托人买了景德镇的

茶与健康

茶杯,想请我品茶。"好啊。"我轻轻地答道,看着他小心翼翼地将茶杯洗了又洗,用水烫过之后倒上茶叶,再慢慢地倾上水,心里有一种莫名的感觉在流动,屋子里茶香弥漫,让人陶醉,他静静地端上来,对我说:"请用茶。"

茶诗二首

PB03005003　高　婧

天缘茶社

缘系一处起,两盏三杯茶。
四方闲客至,围坐五六人。
七话八家事,九论十州闻。
半百老神仙,常能在少年。

秋　闲

雨打秋窗疑客至,
灯笼藤团似月来。
双唇品茶细分味,
十指抚琴浅作音。

附录　学生作品选录

　　本想再写几首，写写种茶、采茶、品茶，但缺乏生活体验，无言可写。此二首亦无典无韵，只作戏作试笔，不才见笑。

得闲饮茶

PB05210110　游思敏

　　有部电影叫这个名字，电影我看过，但能让我记住的大概只有这么个名字，对我这种记忆力不太好的人，不敢奢望能够记住许多东西，我也并不打算把这种仅仅是娱乐视听的东西在脑子里存多久，我要的只是当时的快感罢了，就像电影也只需要票房一样。

　　得闲饮茶，说起来就像是说吃饭一样简单，但我们又如何能够做得到呢？每天忙忙碌碌的生活，几近将自我埋没在日日的劳作之中，却留不下时间来喝杯茶想想更多的问题，就如我从小学开始就下决心一定要把字写好，事实是，直到大学我的字都很难看，我总认为我会有时间，但我似乎又从来都没有去做过，我的确从来没有"闲"过。如是，得闲饮茶能算得上是一种奢求，我们每天都在做事，像个机器一样，其实机器也会有检修的时候，至少在坏的时候会被检修，很难想象把人死的事和机器联系起来会有什么样的效果，莫非要等我们垂死之时才该被检修？

　　我不是一个贵族，而是一个农民，或者说我将来会是一个农民，因为家里的人是农民，所以从血统上讲我是一个农民，是广大农民兄弟中的一员。但作为农民，我们会有农忙和农闲，我们会在农闲时享受

茶与健康

一下城里人不屑的闲适生活,至少在我的家乡都是这样的,或者说我家乡的人们都比较懒,他们都能给自己留出时间,去感受生活带来的快乐。我们用最少的钱呼吸新鲜的空气,吃自家不喷农药不施化肥的菜,过城里人不羡慕但永远也过不了的生活。或许我在村子里待久了,让我记忆较深的是,我喜欢在夏日的午后坐在家门口的大树下,看着同样无聊的土狗睡觉。

回想到中科大一年多的时光,以前那样封闭的生活确实少了许多,却在这里花了更多的时间做莫名其妙的事,比如自习时我通常花很多时间思考,思考什么都没有的状态,大脑一片空白地过了许多时间;我花了很多时间在考虑每天睡多久,这样就可以给自己找借口早上起得很晚,午觉睡到下午甚至晚上。这学期上了茶艺课后似乎有了点自己的想法,或许真的应该在闲下来的时候去用心品一杯茶,茶不重要,重要的是有一颗能调节自己的心,如此下去才能让自己发挥出最大的能力。华罗庚先生说天才在于勤奋,我个人认为应当在勤奋的基础上再加上一条:适当的闲适。这或许有些费解,不过的确有道理,如得闲饮茶定是有益无害的,毕竟这两个是很难做到的,因而天才很少。

深夜写东西似乎是很多文人干的事,他们白天睡觉晚上写作,我毕竟与他们是不同的,所以为了能够把话说完才鼓励自己坚持一会儿,可见我不适合当文人,因为我不会熬夜。

这个时候很闲,很想冲杯茶喝,但是没有茶。

这个时候往往安慰自己,心中有茶即可,想象中自己变出一杯绿茶细细品来,入口清香,微苦略涩,但回味甘甜。

其实人生也不过如此。

附录 学生作品选录

诗词四首

PB06000838　张晚姝

谢人赠红楼剪纸

未缘间座染芳蒿,剪就桃花付一枝。
莫恨薄衫分晓露,更怜幽色记春期。
月迷诗魄无来所,风动榴裙欲舞时。
高鬟休认山花满,恐是湘痕点离思。

见半残月季作

半妒新妆半望归,旋文织就更多催。
锦帆未到天涯路,珠女可怜金缕衣。
雨破湘弦频断续,云横凤管益幽微。
恐邀韩蝶佳期在?犹趁回风绕静飞。

折 柳

欲寄行人折柳枝，敛眉垂手碧差池。
自将锦带多缠束，忍弄弦弄更别离。
雨絮悠飏殊不尽，风蝉散错未成词。
一痕碧水流春去，只许情丝入鬓丝。

种玉仙

十二楼中种玉仙，从来方丈已无年。
但闻白燕飞还去，可解蘼芜到梦边。
汉水何为分碧色，章台只好费春烟。
郁金堂上双悬璧，问得主人不姓韩。

茶艺课课后随感

PB10207012 方靖文

学生家居极北苦寒之地，难觅佳物。从小，对中国古代文化有着莫名的好感，琴棋书画诗酒茶医，觉得它们既神秘，又亲切自然。然而说来惭愧，愧者有二：一者喝咖啡竟早于喝茶；二者从小至今，喝茶之数屈指可数。幸而，大学为我提供了弥补这一遗憾的地方，受教三月，获益匪浅。

一、茶知识方面的学习

（一）茶的分类

绿茶是不经过发酵的茶，即将鲜叶经过摊晾后直接下到100～200 ℃的热锅里炒制，以保持其绿色的特点。

红茶是完全发酵茶（发酵程度大于80%），红茶加工时不经杀青，而且萎凋，使鲜叶失去一部分水分，再揉捻（揉搓成条或切成颗粒），然后发酵，使所含的茶多酚氧化，变成红色的化合物。

（二）茶的性味

古书认为，茶甘则补而苦则泻。其性味以茶新陈而分，新茶上火而陈茶泻火，且茶越陈，性味越寒凉。不可从一而论。

（三）茶的功效

清热去火，去除油腻，助消化，提神醒脑，护齿明目。

（四）茶的产时

以清明为界，分为雨前茶和雨后茶，前者蓄一冬之力，厚积而发，茶香郁浓厚，但性热，即饮则易上火。后者继力而发，其力稍弱，茶香远逊于前者，但性味较平和，为民众日常饮用之茶。

（五）茶的产地

不同的地理环境,拥有不同的气候、降水、水质、营养条件,多种因素揉于茶中,茶因地气而发,自性格迥异。西南一带的普洱茶,茶性温和,生津止渴,醒脾解酒,消食下气。而说过提神,那非属盛行于东南沿海的早春茗茶为最优了,饮后有健胃提神之效,去湿退热之功。而茶艺课上所饮之滇红、印度茶,热带环境下,茶经发酵自然带着热带作物之香气,酸甜诱人,也许制作工艺不同,滇红喝起来酽苦,而印度茶则清甜许多。

（六）对课上所品的部分茶的感觉

(1) 黄山毛峰:形似雀舌,茶汤清亮,清新沁人,回甜甘甜无比。

(2) 滇红:闻之酸甜可口,香味浓郁,品之酽苦,苦中有种肃穆的感觉,隐隐有焦糖之香。

(3) 印度茶:闻之若热带水果汁,酸甜宜人,品之微酸,有香灰之味。

(4) 蒙顶黄芽:鲜嫩显毫,色泽金黄,香气浓郁,回甜甚甘。

二、心灵上的学习

(1) 初至茶室,从未进过茶室的我确实有种震惊的感觉,古朴的茶具、桌椅,昏黄的灯光,教室里弥漫着说不清的清香之气,给人以温馨、放松的感觉,倚在木椅上,闭目而思,感受到了一种从未有过的放

附录 学生作品选录

松,放松是我对茶艺课的第一印象。

(2) 老师,按我的感觉来说,是一个如茶一般淡雅的人,说话声音总是淡淡的,柔柔的,不显山,不露水。一点一点,将自己内心所凝结的茶的知识和对茶的感悟,化为一壶茶水,淡淡地滋润着、轻抚着每个人的心。

(3) 茶友们,一桌六人,不多不少,每个人都有发言的机会,不会冷落也不显得过于嘈杂。茶友们甚是给力,难以忘却,那个平日默默寡言却总是默默地给我们带最好吃的茶点的DOTA帝,那个清新可爱的师姐和颇有文艺范的师兄。每次茶艺课那相互交流的一个小时总是那么快,难得每天紧张的学习压力下能有那么一个小时去放松自己的心灵,毫无忧虑地去聊天,感谢我的茶友们。

(4) 古琴有感,从小看着古琴就有莫名的好感,想象着身着长袍,在余香袅袅中抚琴而弹,真乃神人也,但很可惜,我从未听过。没想到茶艺课却让我这个梦想成真,真的有个师兄过来弹古琴了,真的,当古琴绽放出第一个音符的时候,真的感觉自己浑身犹如过电一般,那袅袅的琴音,仿佛把人带回数千百年前,没有那些世俗烦扰,只是在大自然中,静静地安睡。

(5) 对老师所教的感悟。其实个人感觉老师并没有刻意地去教授我们有关茶的知识,而是希望能在每周一小时有余的时间里,让我们体会到真正的放松,去寻找那我们为了学习,为了理想孜孜追求而抛弃了许久的、对大自然感悟的素心。不得不说,我觉得自己并不是一个合格的茶艺学生,因为个人感觉真的没有记住太多的关于茶的知识,但是老师所说的那种放松的心情,放松的意义,放松的动力,我倒

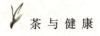 茶 与 健 康

是有所体会。正如老师所说,我们这一代,价值观太优秀了,但人生观却有些扭曲,往往疲惫过后,徒留悲凉和无望。我想,茶艺课虽然结束了,但在茶艺课上学到的那份对心灵的释放和对自我、对自然的全新感觉,却永远不会结束,未来的日子,或许难得有机会再来参加茶艺课了,但那份懂得放松自己、调节自己的心,我想我已经学到了,这是我最大的收获。

结　语

"茶与健康"课程的课时较少,而且以实际泡茶、饮茶为主,老师讲解部分仅仅是对茶艺的一般性介绍。学生对茶艺的领会更多的是靠着对自己"直觉"的把握,其中各人的天赋也起着重要的作用。

绿茶的功效在今日中国是值得提倡的,将其引入日常生活或许有助于人们健康生活方式的养成。但是我们也不应过夸大茶叶的功效,当我们的健康出了问题的时候,茶艺也好,中西医也好,都会有其局限性。对于"健康",我们的课程未做特别介绍,只是泛泛地将人们的状态分为健康、亚健康与不健康,也无一定的方法使大家都能获得健康的生活状态。大家关注健康的心情或许可以在关注茶艺的过程中有所启发,凭着各人的"自觉",反省自己的生活调整自己的状态。

中国传统文化源远流长,即以"茶艺"来说,也可以看到其大致的发展脉络而愈见其丰富壮大,即使在现代化的今日中国也是如此。另外,当我们关注传统文化的时候,并不要对西方的文化加以排斥,而应该像《茶叶全书》的作者威廉·乌克斯那样,真正谦虚地去学习和体会别人的文化,这样或许才是对于世界文化有益的态度。

我们并不希望学生从积累知识的角度去深入茶艺课,而是应该与

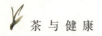
茶 与 健 康

其他课程有所区别,重实践、重体验,真实地从饮茶中获得乐趣。我们希望能够提醒每一位正处于人生最美好季节的同学,珍惜来之不易的幸福生活,留出一点时间,关注兴趣,关注生活,构建和养成自己的美好生活。这样看来,茶艺课的结束或许才是真正茶艺课的开始……

编者
2014 年 6 月